Linguistique et Mathématiques

SCIENCES POUR LA COMMUNICATION

publié sous la direction de
Alain Berrendonner et Jean-Blaise Grize

3

Peter Lang
Berne · Francfort/M.

C. Bertaux · J. P. Desclés · D. Dubarle
Y. Gentilhomme · J.-B. Grize · I. Mel'Čuk
P. Scheurer · R. Thom

LINGUISTIQUE ET MATHÉMATIQUES

Peut-on construire un discours cohérent en linguistique?

Table ronde – Neuchâtel 29 - 31 mai 1980
organisée par l'A.T.A.L.A., le Séminaire de Philosophie et Mathématiques de l'Ecole Normale Supérieure de Paris et le Centre de Recherches Sémiologiques de Neuchâtel

Peter Lang
Berne · Francfort/M.

CIP-Kurztitelaufnahme der Deutschen Bibliothek

Linguistique et mathématiques: : peut-on construire un discours cohérent en linguistique? ; Table ronde – Neuchâtel, 29 - 31 mai 1980 / organisée par l'ATALA . . . C. Bertaux . . . – Berne ; Francfort/M. : Lang, 1982.

(Sciences pour la communication ; 3)
ISBN 3-261-05048-9

NE: Bertaux, C. [Mitverf.]; Association pour la Traduction Automatique et la Linguistique Appliquée; GT

Impression: fotokop Wilhelm Weihert KG, Darmstadt (RFA)

T A B L E D E S M A T I È R E S

I N T R O D U C T I O N

A l'initiative de Maurice Loi, cofondateur avec Jean Dieudonné et René Thom du *Séminaire de philosophie et mathématiques* de l'Ecole normale supérieure de Paris, quelques personnes se sont réunies au *Centre de Recherches sémiologiques* de Neuchâtel du 29 au 31 mai 1980 afin de confronter leurs idées sur la place que les mathématiques occupent dans l'élaboration des théories linguistiques.

Il faut souligner que la Table Ronde, organisée conjointement par l'A.T.A.L.A. (Association pour le traitement automatique du langage), l'Ecole normale supérieure de Paris, l'Université Paris VII et l'Université de Neuchâtel, avait pour intitulé "L i n g u i s t i q u e e t M a t h é m a t i q u e s", la première au singulier et les secondes au pluriel. C'est, en effet, que la question fondamentale ne consiste pas tellement à se demander si l'instrument mathématique peut être utile au linguiste -la réponse va de soi- que de déterminer quelles mathématiques peuvent éclairer les phénomènes de la langues et lesquelles ne peuvent que les mutiler.

Nous reproduisons ici les exposés initiaux de ceux des invités qui ont accepté de rédiger leurs interventions. Nous y avons ajouté les remarques et objections que quelques participants ont bien voulu formuler par écrit. Nous remercions et les uns et les autres, persuadés que ces textes n'ont rien perdu de leur actualité.

Centre de Recherches sémiologiques, avril 1982

LE DISCOURS HÉGÉLIEN ET QUELQUES-UNS DE SES POINTS DE CONTACT AVEC LA MATHÉMATIQUE

par Dominique DUBARLE, Strasbourg

Ie PARTIE - I n t r o d u c t i o n

Le propos de cette contribution est:

1/. de présenter à des non spécialistes de Hegel cette entité logico-linguistique très insolite qu'est le "Concept";

2/. d'indiquer les principaux points de contact qui, à mon avis, peuvent être envisagés avec la mathématique, comme il y en a (algèbre de Boole) pour la logique classique.

I. L e c o n c e p t c h e z H e g e l

1. C'est une expression formée par la pensée réfléchissante à même le vécu psycho-mental (sensible, imaginaire et pensant) comme vécu de "ce qu'il y a".

Cette expression est une expression *intérieure* de l'esprit (esprit individuel du philosophe, esprit culturel de la collectivité): un *"verbum mentis"* au sens augustinien, prémoderne, de cette locution.

Cette expression intérieure à l'esprit et *unique* est sujette à un *développement interne* constituant une *histoire* philosophique de la vie mentale elle-même et de son *Logos* expressif.

2. Cette expression est *décrite* dans un acte de discours naturel, distribué et articulé, qui est le discours rédactionnel de la logique. Le rapport de ce discours descriptif à l'expression elle-même, est analogue à celui d'un "langage de commentaire" (métalangage) à un "langage de théorie" (langage-objet).

3. La description discursive obéit aux normes logico-ontologiques de *structures* ou de quasi-structures distributionnelles, selon lesquelles s'organisent les "cercles" ou les "sphères" de la conceptualité.

La description décrit en même temps une continuité notionnelle ainsi qu'un mouvement-devenir complexe de la chose décrite:

a- *Les transitions* d'un parcours quasi-linéaire ou, si l'on préfère, d'une longue chaîne de déterminations ou d'éléments de conceptualité.
Exemple : le tout début de la Logique:

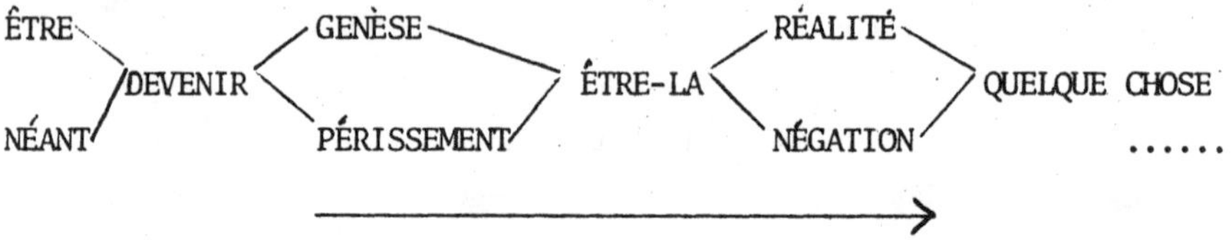

b- *L'involution* poussée plus ou moins avant de la logicité conceptuelle: cercle ou sphère globale; sphères ou cercles subordonnés, plus particuliers, etc. - sans limites définies à l'intérieur autres que l'état du développement philosophique. (Voir un premier exemple ci-après dans la seconde partie de l'exposé).

4. Les ressorts principaux de cette auto-production développante de l'expression elle-même sont au nombre de deux:
a- l'auto-différenciation;
b- les médiations au sens technique hégélien: position-sursomption.

Ce sont-là les effets opératoires d'une énergie absolue, antérieure à toute espèce d'opposition définie, en particulier à l'opposition définie du sujet psycho-mental ou culturel (esprit...) et de ce qu'il y a pour lui à titre de chose objective (matière...). Cette énergie, Hegel l'appelle la *négativité*. La négativité s'exprime déjà dans la négation ordinaire; mais elle ne s'y exprime que partiellement et inadéquatement. De sorte que la négativité hégélienne et ses opérations ont un régime opératoire *autre* que celui de la négation logique classique.

5. L'entité en question exhibe à la description:
a- une sorte de *topographie* thématisée de façon plus ou moins répétitive de cercle en cercle ou de sphère en sphère;
les façons de "lieux" de cette topographie reçoivent des appellations notionnelles du genre philosophique: "catégories": Etre-Néant-Devenir, etc., et l'ensemble de ces catégories se présente alors comme l'arsenal

auto-déductif (auto-productif) des maîtres-mots de la philosophie.

b- Une quasi-*topologie* de l'enchaînement conceptuel de ces catégories -par mode de "fondus-enchaînés" (les médiations logiques) vécus à même l'effectivité de la vie mentale ou culturelle et constituant l'*histoire* rationnelle de la logicité.

C'est l'association d'une parole-langue *intérieure* à la vie mentale et culturelle avec un langage *extérieur*, naturel, de description et de commentaire, qui constitue l'originalité logico-linguistique du parler "spéculatif" hégélien - vu du point de vue d'un locuteur humain accédant à la pensée spéculative et rejoignant à proportion le Logos éternel, l'unique Concept de l'unique Idée divine.

II. Concept et mathématicité

La proposition hégélienne de cette entité logico-linguistique qu'est le Concept est à la fois un défi et un appel adressé à la mathématique.

Le Concept *n'est pas* mathématique et en un sens il ne peut être mathématisé ni réduit à la mathématicité (formalisation) telle que toute la tradition de la science l'a comprise jusqu'à aujourd'hui. De ce point, Hegel est fortement conscient, d'une certaine façon conscient à l'excès, et il le dit parfois brutalement. (Par exemple, Science de la Logique, éd. Lanon, T. II, p. 259, l. 17-26).

Mais pourtant le Concept fait exister une forme de l'expression de la pensée, et sur ce terrain il rencontre un sentiment du mathématicien:

> *"Un mathématicien ne peut supporter qu'il y ait une force d'expression de la pensée qu'il ne puisse exercer"* (J.W. Pfaff: Lettre à Hegel en 1812, au sujet du premier tome de la Science de la Logique).

Et les conditions de son schématisme distributionnel et organisationnel ont des affinités évidentes avec la mathématique, que Hegel lui-même a cherché -plus ou moins infructueusement- à exploiter (Voir les longues remarques de la Science de la Logique à propos de l'Analyse infinitésimale).

Que peut-on dire de ces affinités aujourd'hui?

1. Une sorte de "pré-algèbre" sous-tend la configuration du Concept.

a- Il y a une quasi-constante approximation d'une structure "tétradique" de la "cellule topographique" (cercle) élémentaire de la conceptualité.

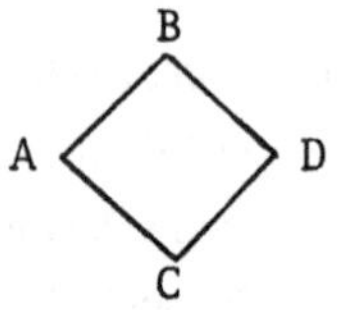

b- Les termes A et D de cette structure ont une constitution plus ou moins "confusionnelle": A exerce une fonction d'*origine*, et pour autant ressemble à un zéro, mais normalement est aussi un certain "contenu" intelligible non nul; D est présent tantôt avec les caractères notionnels du fini, tantôt avec ceux de l'infini lui-même. Le statut confusionnel n'est pas admissible mathématiquement. Il faudrait donc découpler les termes A et zéro, D et infini. Mais on pourrait s'arranger là-dessus et faire correspondre à la tétrade hégélienne la structure ainsi figurée:

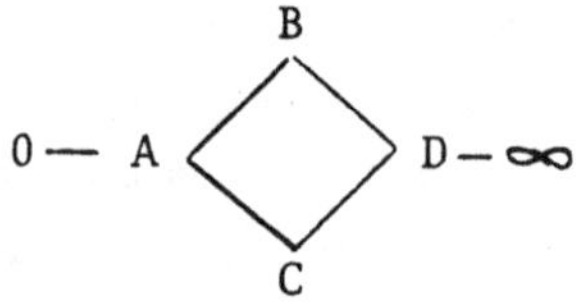

suggérant une configuration projective finie à la base même de la structuration du Concept.

c- On repère assez clairement en certain cas une façon de symétrie du type (-1, +1) entre les termes opposés A et D, B et C de la tétrade hégélienne: même contenu intrinsèque, signes contraires, cette contrariété étant chargée de signification philosophique. On repère en outre assez clairement, en certain cas au moins, une différence de nature notionnelle entre la paire des termes A et D, plus ou moins pensés comme "réels" et la paire des termes B et C, pensés comme "idéels". D'où une certaine parenté entre la configuration de base de la tétrade hégélienne et celle du groupe cyclique (multiplicatif) d'ordre 4:1, i, -1, -i.

Ce pourrait être la base d'une certaine *algébrisation des structures* du Concept, tout au moins de l'institution d'un code de correspondances algébriques entre Concept et structurations mathématiques, code qui pourrait servir de fil conducteur à l'effort de comprendre l'enseignement spéculatif hégélien. Et en même temps, ce pourrait être la base d'une certaine *extension* de la logicité actuelle. A vrai dire ce second aspect du possible reste encore très enveloppé et le travail mathématique requis pour le rendre effectivement praticable, à supposer qu'il puisse l'être, dépasse largement ce que les intuitions hégéliennes peuvent apporter.

2. En second lieu, la description des opérations foncières et du processus notionnel du Concept intéresse une *topologie* de la continuité. Chose que Hegel, à sa manière, a ressentie vivement sans pouvoir arriver à quelque issue satisfaisante, et qu'à la suite de Hegel C.S. Peirce a pensé être l'un des aspects capitaux de la logique hégélienne. Elle suggère l'existence de formes possiblement unitaires, éventuellement mathématiquement définissables, de conceptualisations conjointes de la continuité et de la mobilité. Mais ici, plus encore que dans le cas précédent, il faut reconnaître que si la description peut servir à circonstancier des problèmes de mathématisation, elle ne contient pas d'ordinaire tous les instruments dont il est besoin pour leur solution.

IIe PARTIE - Regards sur quelques points de contacts relativement simples

Reprenant ici la question des contacts entre l'économie conceptuelle de la logique de Hegel et de possibles structurations d'objets mathématiques, je vais montrer ce qu'il me semble être en mesure de tirer de l'étude du premier chapitre de la Doctrine de l'Essence dans La Science de Logique. Ce chapitre a toujours été considéré comme d'une très grande difficulté[1]. Il faut cependant tenir compte de ce fait, expressément noté par

D. Henrich, que "la logique de la réflexion est l'unique moment du développement logique où les rapports fondamentaux de l'intelligibilité spéculative sont abordés de façon directe, abstraitement pour eux-mêmes et sans égard à d'autres concepts de l'ontologie formelle"[2]. C'est donc le lieu où les schématismes de l'intelligibilité se caractérisent et jouent avec le minimum de surcharges notionnelles étrangères. D'où l'importance, à peu près décisive, de l'élucidation de cette partie de la logique hégélienne.

Le chapitre se divise en trois sections. La première intitulée: l'essentiel et l'inessentiel met en oeuvre l'idée de l'Essence comme "négation" simple de l'Etre. La seconde, qui a pour titre: l'apparence[3] est une théorie de l'Essence comme "négation" complexe de l'Etre. La troisième, ayant pour titre: la réflexion, est une théorie des systèmes des opérateurs associés à l'Essence comprise alors comme "le mouvement du Rien au Rien et par le mouvement de retour à soi-même"[4]. A chacune de ces trois sections on peut faire correspondre des schématismes spécifiques, donnant lieu à mathématisation et à de possibles interprétations logico-mathématiques.

I. L'essence comme "négation" simple de l'Etre. L'essentiel et l'inessentiel

A - Le prologue de toute la section: L'Essence comme réflexion en dedans de soi-même, énonce un premier philosophème:

L'Essence est en provenance de l'Etre [4]

et le début du morceau: L'essentiel et l'inessentiel en énonce un second:

L'Essence est l'Etre sursumé.[5]

Du point de vue logico-mathématique ces deux philosophèmes n'apprennent pas encore grand chose. Ils annoncent l'existence, entre les termes Etre et Essence, d'une relation qu'on peut dire relation encore incomplètement définie de *préordre* - équivalence, congruence, voire, le cas échéant, inclusion. Cette relation se signifie dans le langage naturel grâce à l'emploi plus ou moins confusionnel du verbe *est*. Ce que fait Hegel: "l'Etre est l'Essence", "l'Essence est l'Etre"[6]. La portée réelle de ces énoncés doit se préciser à raison même du contexte de la pensée ontologicienne de Hegel. En tout cas il ne faut pas penser à une équivalence simple entre Essence et Etre qui s'ensuivrait de ces deux énoncés.

Ce que Hegel dit immédiatement après l'énoncé du second des deux philosophèmes ci-dessus rappelés précise deux choses:

a- L'Essence est égalité simple avec soi.

b- L'Essence est de façon tout à fait générale la *négation* de la sphère de l'Etre.

On laissera de côté pour le moment l'énoncé a. Il appartient déjà à un registre discursif de la pensée réfléchissante, sans renseigner tout de suite sur la nature du rapport entre le terme Essence et le terme Etre au niveau du "langage de théorie" (langage-objet) de la théorisation logique[7]. Le second énoncé, par contre, propose le fait logique d'un rapport de "négation" entre l'Essence et l'Etre. En termes déjà figurés:

Essence $\doteq$ "non"-Etre

Le signe $\doteq$ est pris ici pour indicatif de la relation de préordre vague envisagée ci-dessus. Les mots "négation" et "non" sont mis entre guillemets pour prévenir qu'ils sont employés au sens de Hegel qui, ainsi qu'on va le voir, *n'est pas* le sens courant.

B - Hegel a une conception à lui de la négation. Il n'a cessé de la mettre en oeuvre. Mais il ne s'est guère expliqué formellement et systématiquement à ce sujet. Il n'y a pas à proprement parler chez lui de théorie logique de la négation[8]. Il faut tenter d'en proposer une à sa place. Ce n'est pas facile. Après de longues études conjecturales de l'oeuvre logique hégélienne on va se risquer ici à le faire.

1. Chez Hegel donc, le mot "négation" désigne:

a- tantôt *une catégorie ou un terme* - ainsi la catégorie de la Négation dans la logique de l'Etre[9]; puis les choses dites couramment "la négation de...", (l'Essence par exemple, dite la "négation de l'Etre");

b- et tantôt *l'opération* de négation; - première ambiguïté, courante d'ailleurs dans le langage ordinaire. On pourrait la résoudre au besoin en distinguant la négation *opérante* (l'opération) et la négation *résultante* (le terme qui se trouve "être" un autre terme affecté de négation-opération).

2. Quant à l'opération elle-même, le mot "négation" désigne:

a- parfois l'opération de négation *relative à une proposition* ou un jugement[10)];

b- mais le plus souvent une opération de "négation" *relative à un terme.*

3. Lorsqu'il est question de négation-opération s'appliquant à un terme, il peut être question:

a- parfois de l'opération dont le résultat est *le néant* au sens classique du mot "néant", le terme nul, le zéro (*Null*); la négation est donc parfois dite *"abstrakte Negation"* et son résultat *"abstrakte Nichts"* [11)];

b- parfois aussi, peut-être, de l'opération booléenne de négation dont le résultat est *le complémentaire* non-A d'un terme donné A [12)];

c- enfin, et presque toujours, d'opérations d'une autre nature, qu'il faut maintenant essayer d'approcher.

4. Ces opérations d'une autre nature, conçues par Hegel se posant encore comme philosophe individuel et logicien isolé, sont au moins au nombre de deux:

a- une opération que Hegel dit "simple" et/ou "première"[13)]- on va la caractériser ci-dessous *du point de vue de la logique de l'Essence;*

b- une autre opération, parfois dite négation "seconde" et/ou "absolue"[14)] dont la caractérisation formelle est encore plus incertaine que celle de la négation "première".

5. Il y a enfin des opérations de négation capables de s'appliquer à elles-mêmes dans une sorte de réflexivité sur soi, "négation de négation", "relation négation à soi", "négativité absolue", et dont la réflexivité produit alors un autre terme comme une sorte de résultat "immédiat" et accessible dans son immédiateté; figurativement:

$$\circlearrowleft N \longrightarrow A$$

la flèche partant de N et aboutissant à N figurant l'opérer réflexif et négatif de N sur soi, la relation négation à soi, la flèche partant de N et aboutissant à A figurant la production résultante du terme A, autre encore que N; le caractère de ces opérations de négation tournant à l'auto-négation *n'est pas* le caractère involutif de la négation courante, à figurer comme suit:

non-non A = A.

C - Ces généralités proposées à titre de préliminaires, on peut en venir au cas de cette négation qui est impliquée chez Hegel dans sa théorie de l'essentiel et de l'inessentiel.

Cette négation est déclarée négation *déterminée*, ce qui la différencie de la négation abstraite, dont le résultat serait le Néant au sens traditionnel, "parménidien" du mot néant[15]. Elle est dite en outre, ailleurs[16], négation simple, c'est-à-dire opération *univoque* de négation, ne se dissociant pas suivant une pluralité d'instances opératives, ainsi qu'on verra la chose se produire dans le cas de telle ou telle autre sorte de négation, qui pourra alors être dite "négation complexe". (Cette appellation n'est pas de Hegel, mais de moi).

L'effet de la négation simple est de construire le terme Essence comme négation de la globalité (la sphère) du terme Etre:

Essence = "non"-Etre

ici égalité, pas simplement inclusion, et réciproquement, bien que l'équation ne soit pas expressément posée dans le texte de la section consacrée à l'essentiel et à l'inessentiel, l'effet de cette négation appliquée à l'Essence serait de construire le terme Etre comme négation de la globalité du terme Essence:

Etre = "non"-Essence.

On va maintenant considérer cette "négation" de la façon qui semble tout à la fois la plus proche de la pensée hégélienne et la plus appropriée au discours-objet d'une logique des termes. C'est-à-dire qu'un terme quelconque A étant proposé, on le comprendra comme un *opérateur multiplicatif* appliqué à ce terme à la façon d'un coefficient N et produisant alors le terme N.A comme résultat.

Ceci convenu, il faut dire que, par rapport à l'Etre pris dans sa sphère globale et proposé comme une première "constante logique" (analogue par exemple à cette constante logique booléenne qu'est la classe universelle U, première constante qu'on représentera ici par la lettre S, l'Essence se comporte comme une *nouvelle constante logique*. Cette constante logique est bien distincte du "Néant abstrait", "vide" ou "pur" dont la nomination évoque le zéro de la mathématique ou la classe nulle Λ de la logique booléenne des classes. On la désignera par la lettre W. Dans ces conditions la présente "négation déterminée" hégélienne doit se représenter par l'opérateur qui change la constante S en la constante mathématiquement *non nulle* W, et réciproquement. Si maintenant on symbolise algébriquement la négation par l'opérateur -/., on obtient la caractérisation suivante sur l'ensemble S, W des deux constantes logiques présentement envisagées:

A	-/.A
S	W
W	S

autrement dit: W = -/.S et S = -/.W.

On lit tout de suite sur cette table caractéristique la transformation du schématisme traditionnel sur lequel Hegel a cru pouvoir s'appuyer pour parler de négation. Transposition chez lui directement solidaire du transfert sémantique qui, au lieu de faire signifier au terme *Nichts* le "néant abstrait" de l'ontologie classique, lui fait signifier l'Essence elle-même pour autant que distinguée de toute actualisation ontico-phénoménologique[17)].

Dans une logique à trois constantes explicitant la constante nulle, le zéro, et deux autres constantes, par exemple 1 et 2, on caractérise ordinairement la négation (forte) comme l'opération qui fait correspondre la constante nulle aux deux autres constantes non nulles, et la plus grande des constantes non nulles à la constante nulle, autrement dit par la table suivante:

A	non-A
2	0
1	0
0	2

Si l'on adjoint cependant un zéro aux deux constantes hégéliennes, la table caractéristique hégélienne devient:

A	non-A
S	W
W	S
0	0

ce qui permet de visualiser la différence entre l'idée hégélienne de la négation "déterminée" (dans le cadre d'une logique générale de l'Essence) et l'idée qui, pour un logicien d'à présent, approche au mieux l'idée naturelle de la négation transportée dans le champ d'une logique reposant sur *trois* constantes logiques (alors que la logique booléenne usuelle n'en suppose que *deux*, une nulle et une seule non nulle).

D - Cela dit, à condition de prendre les précautions voulues pour continuer un formalisme algébrique au plus près de la présente hypothèse d'interprétation logico-mathématiques du texte hégélien, on peut, semble-t-il, proposer une élucidation satisfaisante de ce qui y est dit de l'Essentiel et de l'Inessentiel.

A cet effet on se donnera un demi-treillis (pas de constante nulle) multiplicatif[18)] extrait d'un treillis de Post d'ordre 3[19)] par suppression de la constante nulle et de l'opération d'intersection. Dans un tel demi-treillis, un terme quelconque A étant proposé, on peut définir ce qu'on appellera les projections de A sur chacune des deux constantes, disons S et W, de la structure algébrique présentement considérée[20]. Ces deux projections seront figurées par les notations A^S et A^W. Elles sont disjointes et le terme A est représenté canoniquement par la réunion des deux termes $S.A^S$ et $W.A^W$:

$$A = S.A^S \cup W.A^W$$

L'écriture $S.A^S$ (resp. $W.A^W$) signifiant la multiplication de la projection A^S (resp. A^W) par la constante de structure S (resp. W).

Supposons maintenant que ce soit W qui est la plus grande des deux constantes de la structure: ($S \subset W$) et ($S.A^W \subset W.A^W$) . Alors, si W figure le terme "Essence" hégélien, on peut dire que le terme $W.A^W$ est la figuration canonique de "l'essentiel" du terme A, cependant que le terme $S.A^S$ en figure "l'inessentiel". En considérant que la notation A représente alors l'être-là (*Dasein*) particulier, ou encore le quelque chose de particulier (*Etwas*) mis en cause lors de la question se posant à son sujet de la différence à y faire de l'essentiel et de l'inessentiel, on a une grille de lecture apparemment satisfaisante de l'alinéa principal (W.L.II,8,17-35) consacré à ce thème dans le texte hégélien.

En vue de guider l'apprenti-lecteur dans ce genre de décryptage, on va expliciter ici la lecture proposée de cette quinzaine de lignes du texte hégélien.

1. "La différence de l'essentiel et de l'inessentiel a fait retomber l'Essence dans la sphère de l'Etre-là."

Commentaire. L'Essence elle-même (W) et avec elle l'essentiel ($W.A^W$) tout comme l'inessentiel ($S.A^S$) sont alors envisagés et traités logiquement comme des données brutes (*Dasein*) relevant alors conceptuellement de cette catégorie de la logique de l'Etre.

2. "Puisque l'Essence, telle qu'elle est de prime abord (*zunächst*, i.e. au moment où elle se donne à considérer comme on le fait à présent, pour commencer) est déterminée dans ses rapports à l'Etre comme un étant immédiat et ainsi seulement comme un quelque chose d'autre que l'Etre."

Commentaire. Traiter logiquement les choses comme on le fait en ce moment, c'est, en restant pour le fond dans l'optique de la logique de l'Etre, se borner à penser l'Essence (W) comme un quelque chose (*etwas*) qui serait autre chose que l'Etre (S), à savoir comme une constante prise comme donnée autre que la constante Etre (voir, si on veut la logique de *Etwas und Anderes* - W.L.I, 103, 38-116, 26).

> 3. "La sphère de l'Etre-là est ainsi posée comme terrain de base, et le fait que l'être dans cet être-là (celui que l'on désigne en particulier -mettons par exemple A) soit en-et-pour-soi, est détermination ultérieure, extérieure à l'être-là lui-même; de même qu'inversement l'essence est bien l'être-en-et-pour-soi, mais seulement dans son rapport à autre chose, dans une perspective déterminée."

Commentaire. La logification de l'essentiel et de l'inessentiel présuppose la reprise de tout l'ensemble des choses considérées (W, S, les termes A, B, C,...etc.) à l'intérieur de la catégorie de l'Etre-là. Du coup elle impose de négliger, à propos de ce qui est pris en considération (l'univers des termes, constantes comprises), d'ultérieures déterminations logiques des choses, comme celles de l'être-en-soi (*Ansichsein*) ou de l'être-pour-soi (*Fürsichsein*), *a fortiori* celle de l'absoluité ontique réfléchie sur soi (*An-und-Fürsichsein*). Les catégories correspondantes n'ont pas ici de relevance logique. On peut bien penser que l'essence est précisément l'être-en-et-pour-soi de la chose. Mais c'est alors affaire de perspective déterminée en fonction de tel être brut donné en particulier -A par exemple- et de ce qui, en lui, se laisse apprécier comme "inessentiel". Autrement dit, dans le maniement de cette logique de l'essentiel et de l'inessentiel, il faut faire abstraction des constitutions ontico-ontologiques qui seraient dans la chose ultérieures à la constitution simple de "quelque chose" pris dans sa donnée brute, c'est-à-dire comme un certain *Dasein*.

> 4. "Dans la mesure dès lors où, à propos d'un être-là (*Dasein*) on distingue l'un de l'autre un essentiel et un inessentiel, cette différenciation est un acte de position extérieure, la mise d'une partie de cet être-là à l'écart d'une autre partie, sans que cela touche l'Etre-là lui-même, une division qui tombe dans un tiers terme".

Commentaire. La distinction en question de l'essentiel et de l'inessentiel à propos d'un être-là donné (A; ou B,... etc.) ne peut se faire qu'à raison de la donnée effective de cet être-là particulier: $W.A^{W}$ et $S.A^{S}$ ne se déterminent que sur la base de la donnée de A. La distinction est relative à cet être-là comme à un tiers (*Drittes*) par rapport à l'Etre comme par rapport à l'Essence. Elle ne peut pas se déduire effectivement de la compréhension de ces deux termes généraux (pas plus qu'elle ne peut se déduire du concept global de l'Etre-là). Elle ne concerne donc pas l'Etre-là *lui-même, comme tel*. Il faut qu'il y ait un être-là particulier A à être pris en considération pour qu'*à son propos* on parle d'essentiel ($W.A^W$) et d'inessentiel ($S.A^S$).

> 5. "Ce qui appartient à l'essentiel ou à l'inessentiel y est donc indéterminé".

Commentaire. Ainsi qu'ils sont pris à présent dans leur généralité les concepts de l'Etre, de l'Etre-là, de l'Essence, ne suffisent pas à déterminer par eux-mêmes ce qui devra être dit l'essentiel ou l'inessentiel de ce quelque chose de particulier qu'est A, ou qu'est B... etc.

C'est un truisme, mais il marque bien la frontière de la logique hégélienne et de son propos propre, qui est de s'en tenir à la doctrine des spécifications "nécessaires" des intelligibilités conceptuelles. De la pensée de l'Etre ni de celle de l'Essence, prises comme elles le sont à présent, on ne peut dériver la détermination de ce que serait en substance, toujours et partout, "l'Essentiel".

> 6. "C'est n'importe quelle perspective ou contradiction extérieure qui fait l'essentiel ou l'inessentiel. Dès lors le même contenu ("être bleu" par exemple) doit être à considérer tantôt comme essentiel, tantôt comme inessentiel".

Commentaire. Bien sûr! cela dépend du terme quelconque A, B,...etc. dont on se propose la considération. Et de soi c'est tout ce qu'il y a à dire de cette affaire simplette et claire. Mais Hegel va tâcher de passer de cet "inessentiel" occasionnel à une "non-essence" (*Unwesen*. W.L.II,9,10) intrinsèque à la compréhension de l'Essence même. Cette "non-essence", c'est la Parution-*Schein*. D'où le discours que l'on vient de rapporter et de commenter, préparant l'entrée dans la "grande" spéculation.

N.B. Si maintenant l'on prenait S comme la plus grande des deux constantes de structure ($W.A^S$ $S.A^S$) la division du terme A en deux composantes $S.A^{S}$ et $W.A^{W}$ ne représenterait plus la dissociation entre ce qu'on doit appeler alors *l'actualité ontique* $S.A^{A}$ du terme A, et ce qu'on peut appeler *la virtualité propre*, $W.A^{W}$, dudit terme, laquelle se tient alors comme un élément potentiel, en deçà de l'actualisation.

Il n'y a pas grand chose de plus, semble-t-il, à dire pour le moment au sujet de la probabilité de contact entre ces points de logique hégélienne et la structure mathématique d'une algèbre particulière, ouvrant tout autant que la structure du treillis booléen sur la possibilité de constituer un formalisme logico-mathématique.

II. L'essence comme "négation" complexe de l'être. La parution-apparence

La logique hégélienne de l'Essence part de la considération d'un rapport entre Essence et Etre. Mais une fois cette considération faite, (W.L.II,7,29-8,36), la considération spéculation se déplace elle-même en se faisant considération d'un rapport entre l'Essence et son apparence-parution (*Schein*). C'est ce déplacement de la considération spéculative, allant de l'ordre ontique à l'ordre noético-phénoménologique qu'il faut tout d'abord travailler à comprendre.

A - On ne peut identifier formellement et logiquement Etre et Paraître. Logiquement, il y a *deux* rapports de l'Essence à deux terminaisons conceptuelles distinctes: la terminaison "Etre", catégorie maîtresse de l'ordre *ontique*, et la terminaison "Apparence-Parution", figurative de l'aspect *noético-phénoménologique* de ce que nous devons dire l'ordre *ontologique*. Schématisons graphiquement cette diversité comme suit:

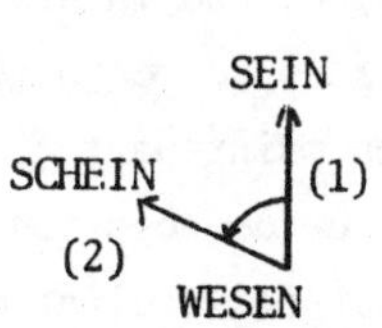

l'angle des deux directions (1) et (2) figure le déplacement notionnel opéré.

De son côté, après avoir dit ce qu'il en était des catégories de l'Essentiel et de l'Inessentiel, le texte hégélien continue comme suit:

> "A y regarder de plus près, l'Essence se mue en un quelque chose qui n'est qu'essentiel opposé à un inessentiel du fait que l'Essence est prise uniquement comme Etre ou Etre-là sursumés. L'Essence, de la sorte, n'est que la négation *première*, ou, ce qui revient au même, la négation qui est déterminité par laquelle l'Etre en vient à n'être qu'être-là, ou l'être-là à n'être qu'un *autre*." (W.L.II,8,36-9,1).

Hegel indique ainsi que cette première logique de l'Essence et de l'Etre, avec ses considérations de l'essentiel et de l'inessentiel, est encore quelque chose de sommaire, de superficiel et d'unilatéral[22]. Mais cette façon de considérer l'Essence et du même coup son pouvoir opératoire, sa "négativité" dans une perspective de présupposition de l'Etre n'a point encore égard à l'Essence en sa véritable profondeur. L'Essence, vis à vis de l'Etre, n'est pas rien que "première" négation de celui-ci. Hegel va s'en expliquer sur le champ, mais d'une manière qui est demeurée hermétique. Le texte qui vient d'être cité continue immédiatement comme suit:

> "mais l'Essence est la négativité absolue de l'Etre" (ibid. 9,1-2).

C'est en somme cette phrase qu'il s'agit de déchiffrer.

La proposition met en avant la notion de la négativité absolue, dont la nomination fait ici sa première apparition à l'intérieur du texte de la Doctrine de l'Essence. Cette nomination est flanquée en l'occurrence d'un génitif: il s'agit de la négativité absolue *de l'Etre*. L'expression dans son ensemble semble bien être un hapax dans toute la logique objective. Mais peut-être, dûment interrogée, n'en livre-t-elle que d'autant mieux le secret de la compréhension hégélienne de la négation "seconde" et de la nature de la négativité qui y préside.

B - Présentons ici notre hypothèse interprétative. Il semble qu'il faut entendre le génitif ci-dessus comme un génétif *objectif*: la négativité absolue dont il est question maintenant n'est pas une appartenance de l'Etre, mais la puissance absolue de négation qui revient à l'Essence et qui, appliquée à l'Etre, produit ce résultat qu'est l'Essence elle-même, cette fois non "retombée dans la sphère de l'Etre-là", mais atteinte en toute sa vérité. L'Essence n'est pas seulement "négation première" de l'Etre. Elle est cette négation approfondie, radicalisée conceptuellement, que seule la négativité absolue peut opérer sur l'Etre.

Or, appliquée à l'Etre en général, l'opération de l'Essence en général, autrement dit l'actualisation de cette négativité absolue qui est inhérente à l'Essence, a pour effet de produire, non pas un résultat simple mais un résultat *double*, un doublet conceptuel.

a- L'Etre est sursumé et conservé en étant devenu l'Essence même: "l'Etre, ou, si l'on veut, l'Etre-là s'est ainsi conservé, non point comme un autre, puisqu'il est l'Essence"[23];

b- mais il reste de l'immédiat encore distinct de l'Essence, "et qui n'est pas seulement un être-là inessentiel, mais l'immédiat en et pour soi frappé d'inanité (*nichtige*), qui n'est qu'une non-Essence, l'apparence-parution (*Schein*)"[24].

L'Essence en sa vérité est ce doublet de l'Essence même et de sa parution, qu'on figurera par l'écriture: {W, Sch.}. Si l'on figure par l'écriture [non] la négation qui est ici l'oeuvre de la négativité absolue inhérente à l'Essence, on écrira:

{W, Sch} = [non]-Etre (a)

La négation "simple" dont il a été question au départ de cette onto-logique de l'Essence ne formulait que de façon incomplète, incapable de prendre en compte le fait de la parution de l'Essence, l'effectivité du rapport de l'Etre à l'Essence

W = "non"-Etre (b)

La comparaison des deux formules (a) et (b) fait apercevoir sur le champ la différence entre les deux sortes de "négations" mises en cause. La formulation achevée du rapport de l'Etre et de l'Essence requiert l'intervention de cette forme nouvelle et complexe d'actions de la négativité propre à l'Essence, laquelle ramène à soi en le sursumant l'Etre considéré comme un autre qu'elle, mais laisse encore subsister ce qui sera bientôt dit "le reste de l'Etre"[25], le négatif (c'est-à-dire l'Etre dans son rapport - S = "non"-W - à l'Essence) n'étant point ici sursumé en Essence, mais *posé* comme négatif, l'Apparence-Parution, qui sera reconnue comme parution de (génitif subjectif) l'Essence.

En vertu de cette seconde sorte de négation, portée au compte de la négativité absolue, l'on passe de l'ordre à proprement parler ontico-ontologique des rapports de l'Etre à l'Essence, à l'ordre spécifiquement ontologico-phénoménologique du rapport de l'Essence à sa Parution.

C - Or ceci, qui, à première vue, peut paraître assez déconcertant pour le logicien classique, est en fait susceptible d'une représentation mathématique, laquelle, à l'essai, se montre assez satisfaisante.

Assez naturellement (et on le voit bien dans toute la première section de la Doctrine de l'Etre, qui se veut théorie de la "Qualité") la constitution de la conceptualité hégélienne se laisse schématiser sur une forme tétradique[26)], dont les terminaisons notionnelles sont liées entre elles à raison d'un système de connexions proches de celles propres au groupe cyclique d'ordre 4. (Voir ci-dessus, Ie partie). On va en schématiser comme suit le système:

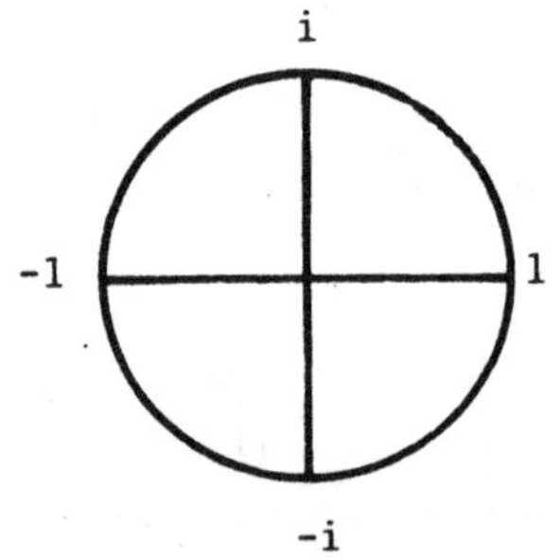

dont on peut donner une illustration en recourant aux terminaisons notionnelles du "premier cercle" de la Doctrine de l'Etre:

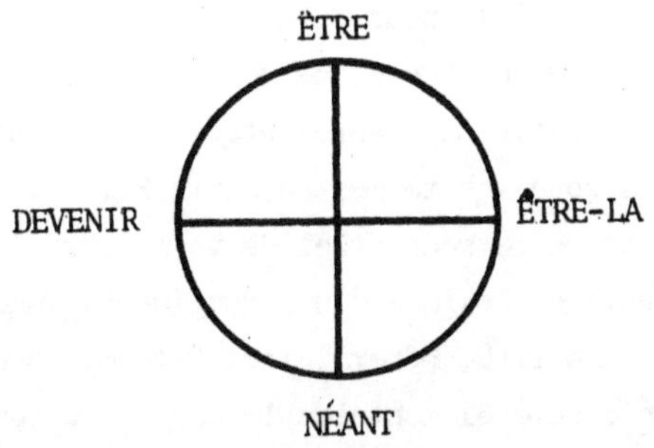

La figuration peut s'itérer et la coordination d'ensemble des termes principaux de toute la section de la Qualité peut se figurer grâce à la présentation suivante d'un "cercle de cercles":

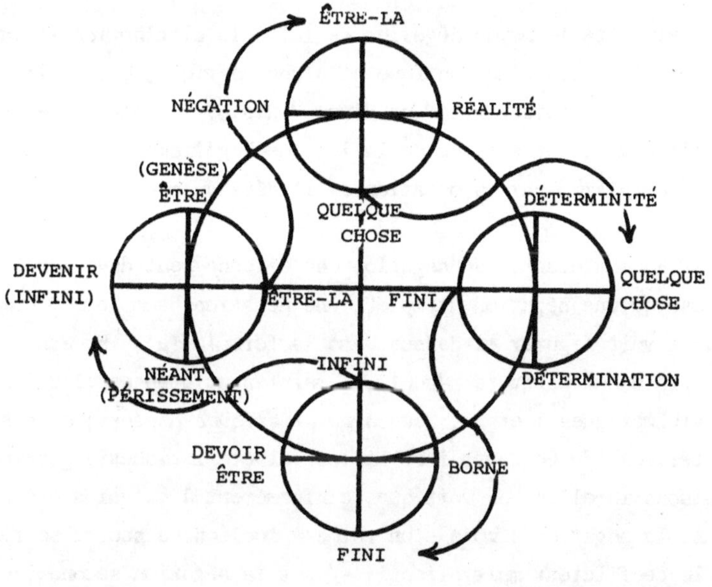

Dans la section de la Science de la Logique correspondant à cette coordination de terminaisons notionnelles Hegel ébauche une théorie de la différence entre ce qui peut y figurer à titre de termes "réels" et ce qui s'y présente à titre de termes "idéels" (l'adjectif est de Hegel lui-même). Il a peiné au cours de la rédaction de cette section et d'une rédaction à l'autre, de 1812 à 1831, pour dégager sa théorie de l'idéel. Mais il y est pratiquement parvenu. Une étude soigneuse de ce qu'il a écrit à ce sujet permet de s'en faire une représentation cohérente.

C'est ainsi que les termes Devenir, Etre-là, Quelque chose, Fini, Infini ont le caractère conceptuel de termes "réels" appartenant de plein droit (pour Hegel) au lexique d'une "ontique". Tandis que les termes Néant, Etre, Négation, Réalité, Déterminité, Détermination, Borne, Devoir être, ont dans chaque cercle élémentaire le caractère conceptuel de termes "idéels" relevant en fait d'un lexique qui n'est point simplement "ontique", mais plutôt "noético-ontique". Par exemple Néant et Etre en tant que sursumés (*aufgehobene*) dans la compréhension du devenir sont pour Hegel des termes spéculativement *idéels*[27)], les termes nommant les intelligibilités réelles du cercle étant alors les termes Devenir et Etre-là.

Tel a été le moyen hégélien de faire la distinction et la coordination dans l'absolu d'une ontique et d'une noétique, ou, si l'on veut, d'une "ontologie de l'objectivité" et d'une "ontologie de la subjectivité". La conceptualité vraie et achevée de la logique hégélienne est de soi une conceptualité *complexe*, par association de l'idéel au réel.

D - Cela étant, la "négation" hégélienne peut devenir elle-même autre chose qu'une négation "simple", une négation "complexe", comme celle que l'on voit figurer ci-dessus dans la formule (a), {W, Sch} = [non]-Etre, grâce à l'écriture: [non]. Si maintenant l'on appelle les spécificités mathématiques 1 et -1, les *caractéristiques algébriques* des terminaisons "réelles" du Concept, i et -i les caractéristiques algébriques des terminaisons idéelles, on voit que, conformément à ce qui a été proposé ci-dessus, la négation simple d'un terme A quelconque pourra se représenter par le coefficient multiplicatif -/. et la négation seconde, complexe, que l'on a étudiée ci-dessus (à l'occasion de la phrase déclarant que "l'Essence est la négativité absolue de l'Etre") par le coefficient multiplicatif (-/-i). On aura:

W = -/. Etre

Sch = -i. Etre

et {W, Sch} = (-/-i) Etre.

Si maintenant l'on assimile le terme "Etre" à la quantité +1, le terme "Essence comme telle" à la quantité -1 et le terme "Parution" à la quantité -i, les formules qui viennent d'être écrites peuvent se résumer en écrivant:

$$-1-i = (-1-i).1.$$

correspondant à la phrase hégélienne: "l'Essence (en sa complète vérité) est la négativité absolue (-/-i). de l'Etre." Ce qui fait de la seconde négation un opérateur dont l'indicatif de spécificité sera le terme écrit -/-i. On voit ainsi s'introduire un élément du groupe cyclique d'ordre 8, racine carrée algébrique de la quantité -i, en correspondance à l'idée hégélienne de la négativité absolue *tournée vers autre chose qu'elle même*. Et l'on voit cet élément figuré sous les espèces d'une quantité *complexe*, ce qui correspond bien aux désiderata du texte hégélien de W.L.II,9,1-10 rapporté et analysé ci-dessus. Complètons maintenant la figuration des éléments de ce groupe, qui est, on le sait, le groupe multiplicatif du corps $K(3^2)$.

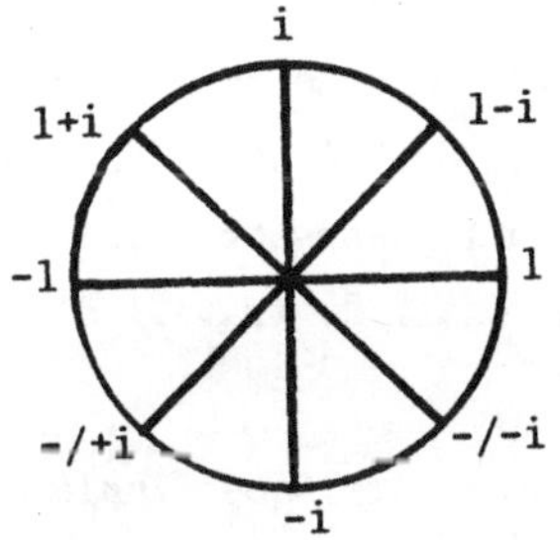

ESSENCE ≃ -/
PARUTION ≃ -i
ÊTRE ≃ 1
NÉGATIVITÉ ABSOLUE ≃ -/-i

Le calcul relatif à ces diverses quantités fait intervenir la notion d'une addition, moyen également d'écriture des quantités complexes qui ne sont point des "imaginaires purs". La table d'addition requise à cet effet n'est autre que la table d'addition dans le corps $K(3^2)$ une fois exclu le zéro et acceptée la représentation des éléments du corps K(3) par les quantités 0, 1, -/ (=2 dans la représentation courante du corps de classes Z/mod 3). De telle sorte que l'on a finallement affaire à un système de coefficients ontologiquement et logiquement interprétables, qui sont isomorphes aux éléments du corps $K(3^2)$ une fois suppression faite de l'élément nul. C'est ce système que l'on se hasarde à proposer ici comme système algébrique interprétatif des emplois que Hegel fait de son lexique propre de la négation, et des discours de logique où paraissent ces emplois.

E - Un premier contrôle de plausibilité de cette interpétation va être, au delà des textes jusqu'à présent mis en avant, la théorie hégélienne du *Schein* comme production de la négativité absolue se niant elle-même. L'Essence *est* (au sens hégélien du verbe *est*) cette négativité absolue dans sa relation négative à soi, et le produit de cette relation négative à soi est la parution-apparence en sa généralité intérieure à l'Essence elle-même. Or, la "négativité absolue" s'appliquant comme opérateur à elle-même (comme terme sur lequel elle opère), peut être figurée par l'écriture: (-/-i).(-/-i), dont le calcul montre qu'elle est égale (dans la structure algébrique du corps $K(3^2)$ diminuée de l'élément nul) à -i, terme figuratif de la Parution dans la figuration complète de l'Essence en sa vérité: {W, Sch.}. Du même coup la quasi-totalité du discours hégélien relatif à la parution de l'Essence au dedans d'elle-même devient interprétable, à ce qu'il semble, sans trop de difficultés. On ne peut, malheureusement, donner ici le détail du travail d'interprétation sur le vu du texte hégélien lui-même.

On se contentera de noter que finalement la logique hégélienne complète de l'Essence tend à présenter comme une sorte de produit algébrico-logique d'une logique *ontique* de l'Essence, esquissée dans la section dite de l'essentiel et de l'inessentiel, et d'une logique *noetice-phénoménologique* de l'Essence, esquissée de façon sommaire dans la section intitulée: l'Apparence et repérant la Parution comme catégorie capitale de l'immédiat idéel (un des sens très primitifs du terme grec *eidos*). Reste maintenant à montrer, à partir du présent acquis ce qu'il est possible de schématiser de la logique hégélienne de la réflexion telle qu'elle se propose dans la troisième section du chapitre pris pour base de la présente étude.

III. L'essence comme mouvement et opérations de la réflexion

Pour Hegel, de même que l'actualité vraie de l'Etre est Devenir, l'effectivité vraie de l'Essence est mouvement circulaire de soi à soi -du "Rien" au "Rien"- par procession de la parution à partir du "Rien" ontologique et retour de la parution à soi-même comme ce "Rien" en acte de manifestation phénoménologique de Soi à Soi qu'est l'Essence. Ce mouvement Hegel l'appelle "*la Réflexion*". Ce mouvement, en tant qu'il est celui de l'Essence absolue pure à la Parution absolue pure, avec retour de cette Parution à l'Essence, Hegel l'appelle "la Réflexion absolue pure"[28]. On pourrait le figurer de façon très simple par l'un des deux schémas suivants:

I.

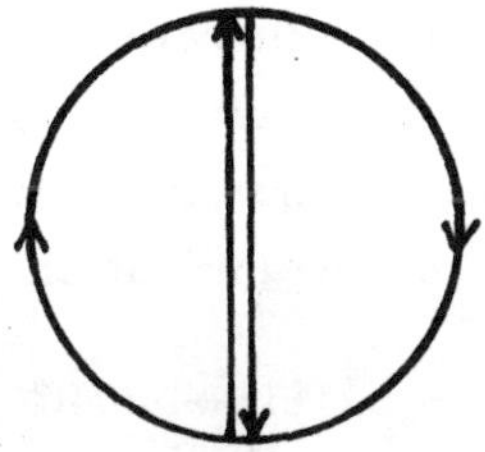

II.

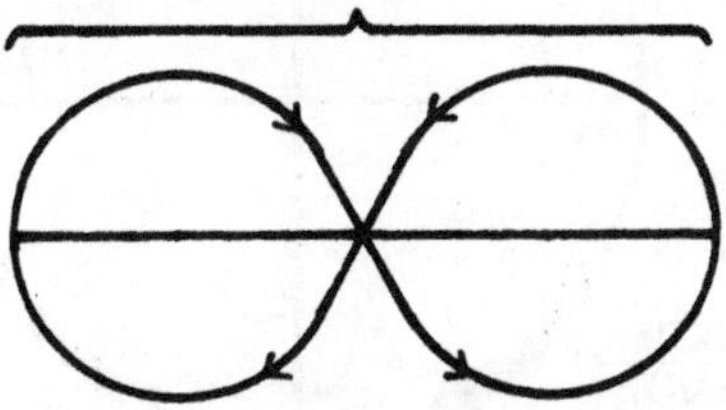

le second de ces schémas étant calqué sur celui de la "proposition spéculative" hégélienne.[29)]

Hegel dit ensuite que cette généralité de la réflexion absolue pure se détermine ensuite plus avant en premier lieu en réflexion *posante*; puis, dans un second temps, en réflexion *extérieure*, impliquant une activité "présupposante" de la réflexion; enfin, en troisième lieu, en réflexion dite *déterminante*[30)].

Cela dit, la suite de ces mouvements-opérations déterminées de la Réflexion peut se schématiser et se représenter algébriquement de façon très simple, au moins en première approximation.

En effet, il faut reconnaître tout d'abord que les modes déterminés de la Réflexion sont en réalité au nombre de *quatre* et non de trois comme le donne à penser l'énumération initiale de Hegel. Car ce dont il est traité au titre de la "Réflexion posante"[31)] se dédouble en Réflexion simplement "posante-*Setzende*"[32)] et en Réflexion "présupposante-*Voraussetzende*"[33)]. Une fois ceci reconnu, on peut coordonner les quatre modes ainsi obtenus aux quatre positions principales du cercle conceptuel de l'Essence-mouvement du "Rien" au "Rien": le "Rien" lui-même, la Parution proprement dite, l'Immédiateté extérieure de la présuppostion, venant alors déterminer l'Essence à titre de "détermination de la Réflexion"[34)].

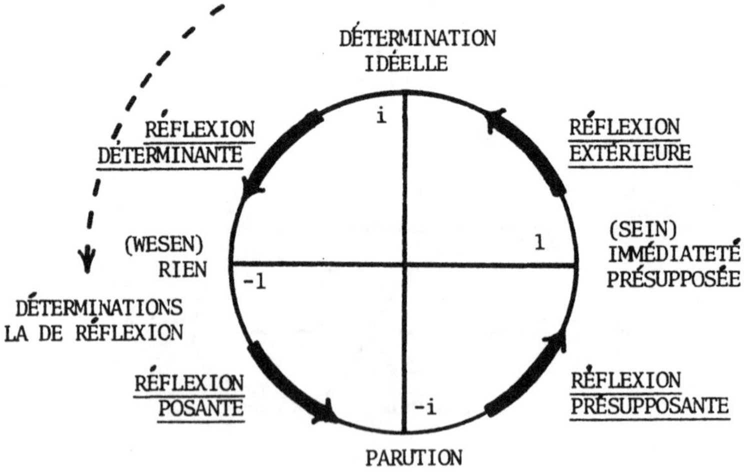

Dans ces conditions, il suffit de considérer la Réflexion spécifiée selon ses divers modes comme caractérisée de façon commune par l'opérateur [i] appliqué à chaque fois à un terme différemment caractérisé: le *Nichts* (-1), la Parution (-i), l'Immédiateté présupposée (1) et enfin la Détermination idéelle (i).

Réflexion posante = $[i].(-1) \rightarrow -i$
Réflexion présupposante = $[i].(-i) \rightarrow 1$.
Réflexion extérieure = $[i].(1) \rightarrow i$
Réflexion déterminante = $[i].i \rightarrow -1$.

Ainsi la spécification (se déterminer *-sich bestimmen-* plus avant W.L.II,14,10) de la Réflexion en général se laisse-t-elle représenter par l'opposition à chaque fois d'une détermination notionnelle particulière à un coefficient générique courant. Il semble qu'il soit assez souvent possible de recourir à un schématisme de cette sorte pour représenter, au moins en première approximation les spécificités particulières d'un thème générique donné.

Il faut cependant reconnaître que la représentation mathématisée des formes principales de la Réflexion hégélienne n'est encore qu'approchante, telle une première approximation. Car à suivre strictement les déterminations du cheminement circulaire de la Réflexion telles que le propose la présente schématisation, le retour du "Rien" au "Rien" n'apporte non plus rien de nouveau logiquement. Ici au contraire, le circuit des formes de la Réflexion s'achève, avec la Réflexion déterminante, par l'explicitation du niveau notionnel des "déterminations de la Réflexion" dont il est traité dans le chapitre suivant de la Doctrine de l'Essence. Comme si, partant du "Rien" comme simple thème d'une pensée spéculative "du premier ordre", s'exprimant dans un "langage de théorie" direct, le circuit de la Réflexion ramenait la considération spéculative à une pensée "du deuxième ordre" à la théorie de pensée réfléchissante, traitant désormais des "déterminations de la réflexion" comme " essentichtes-*Wesenheiten*" et posant avec elle les premiers éléments d'un épi-(méta?)-langage, ou plutôt d'un langage de théorie du "deuxième ordre".

On n'ira pas cependant plus loin à présent que l'ouverture de ce problème logico-mathématique du "discours de la réflexion et de ses déterminations".

N o t e s

(1) Au point qu'on a parfois proposé (Mc. TAGGART: A Commentary to Hegels Logic. 1910, p. 99) de laisser purement et simplement de côté ce chapitre et de commencer la logique de l'Essence comme il semble qu'elle commence dans l'Encyclopédie, à savoir par la théorie des "déterminations de la réflexion". Voir une discussion de cette proposition dans D. HEN= RICH: Die Wissenschaft der Logik and die Logik der Reflexion (Hegel-Tage Chantilly 1971. Bonn, Bouvier Verlag, 1978, pp. 203-324), p. 231sv.

(2) Op.cit., p. 227.

(3) Der Schein. La traduction par le français "apparence" est la traduction courante. En réalité il serait préférable de traduire le terme hégélien Schein par le terme français parution. Schein est ici un terme générique qui convient à toutes les façons dont l'Essence peut bien s'actualiser en monstration de soi: simple apparence, phénomènes bien fondés, manifestation constitutive de la réalité même. Le terme Schein correspond à ce que dans la première section de la Doctrine de l'Essence, on peut dire "parution", soit en effet la simple apparence illusoire soit l'apparence sans signification péjorative du point de vue noétique et épistémique. Dans la seconde section de la Doctrine de l'Essence le terme Schein a pour portée scientifique la désignation du phénomène bien fondé (Erscheinung), thème principal de cette section -voir, par exemple, l'emploi du terme Schein au début du chapitre sur l'Erscheinung W.L.II, 123,22-26 (l'abréviation donnée en référence veut dire Wissenschaft der Logik, Ed. G. Lasson, 2 vol. Leipzig, 1923. Vol. II, p. 123, l. 22 à 26). Dans la troisième section, la forme spécifique du scheinen est la manifestation, qui montre l'effectivité de l'absolu -voir là-dessus des passages comme W.L.II, 159,33-36; 160,4-6; 170,10-16.

(4) W.L.II,7,3. Cf. la finale de la rédaction de 1812 de la logique de l'Etre, p. 334. Trad. P.J. Labarrière et GW. Jarczyk (Paris, Aubier, 1972, p. 362.

(5) Ibid, l. 30. "Sursumé": traduction convenue de "aufgehoben".

(6) Cf. le début de la section consacrée au Phénomène, W.L.II,101,9-14.

(7) Chez Hegel cette égalité avec soi est une forme de la relation simple à soi (einfache Beziehung auf sich selbst) qui autorise la pensée conceptuelle à se proposer ce dont il est question comme logiquement indépendante et immédiate.C'est ainsi que penser quelque chose comme être c'est en admettre (implicitement) le fait de relation simple à soi et l'immédiateté.L'Etre (catégorie) est relation simple à soi et immédiateté, dira Hegel (cf. ce qui a été dit ci-dessus sur l'emploi hégélien

du verbe est). On peut noter, en se servant, par exemple, de W.L.II, 20,18-20 que l'égalité avec soi est normalement une attribution des termes à considérer alors comme "réels", tandis que les termes considérés comme "idéels" sont dits "se niant eux-mêmes" - sich selbst negierend.

(8) Ceci est remarqué à plusieurs reprises, avec insistance, par D. Henrich, dans son étude sur la Science de la Logique et la logique de la réflexion. (Op.cit., p. exemple p. 225, à propos de ce que Hegel dit "bestimmte Negation"; ou p. 250, où il est dit que "même la composition du chapitre consacré à la méthode ... va jusqu'à marquer des bases de la théorie de la négation sans laquelle la Science de la Logique ne saurait être constituée affranchie de toute difficulté et obscurité".)

(9) W.L.I,96,4-6; 98,12-16.

(10) Par exemple, W.L.II,278,11-284,21, à propos précisément du jugement et de ses formes d'énonciation positive ou négative; mais d'ailleurs en essayant de récupérer la compréhension de l'énoncé négatif dans la théorie du Concept et de la négation au niveau du Concept -Cf. également Encyclopédie § 173.

(11) Par exemple: W.L.I,35,33-36,7; 90,18 - synonymes possibles "alle Negation"; "reine Nichts"...etc. Mais il faut être prudent et veiller au contexte avant d'interpréter l'adjectif "abstrakt": il peut vouloir signifier le caractère abstrait, mais déjà en contexte spéculatif, lequel exclut la négation logique au sens ordinaire; celle-ci, de façon formelle, n'appartient qu'à la logique de l'Entendement.

(12) Par exemple dans l'horizon de la théorie, encore assez confuse de l'Indifférence absolue, à la fin de la doctrine de l'Etre, à tout le moins dans la rédaction de 1831. Cf. W.L.I,389,15-18; 391,21-23; 392,23-30. Et avant cela lorsque la négation appliquée à un "quelque chose" (de particulier) a pour résultat la proposition conceptuelle de "l'autre", l'autre de ce quelque chose, à savoir tout ou partie de son complément. Cf. W.L.II,9,1.

(13) Par exemple, W.L.I,103,2-5; II,5,35; 8,39; I,(1812) p. 82, l. 2-3. Il faut noter qu'une négation se présentant comme première, ainsi la négation initiale d'un universel au départ du cheminement logique à l'intérieur d'un cercle logique, n'est pas forcément une négation simple: elle peut consister en une auto-dénonciation d'un terme se présentant lui-même au départ comme "simple".

(14) Par exemple, W.L.I,103,2-5; II,497,36-38. A cette occasion Hegel parle plus volontiers encore de "négation de la négation" de "négatif du négatif" et de "négativité absolue", tendant du reste à associer l'idée du caractère "absolu" de la négativité au fait qu'elle se retourne contre elle-même dans une "relation négative" - Negative Beziehung" à soi.

(15) W.L.I,35,34-36,9.

(16) Plus exactement, c'est l'Essence qui est dite être à première vue (zuerst) négative simple. (W.L.II,5,14), d'où l'on peut inférer que son rapport à l'Etre est celui d'une négation elle-même "simple".

(17) Cf. W.L.II,13, 33 et la note de la traduction Labarrière-Jarczyk. (Paris, Aubier, 1976), p. 18-19, n.34.

(18) Voir par exemple la définition d'un demi-treillis dans l'ouvrage de M.L. DUBREIL-JACOTIN, L. LESIEUR et R. CROISOT: Leçons sur la théorie des treillis, des structures algébriques ou données et des treillis géométriques. (Paris, Gauthier-Villars, 1953) Ch. II, p. 20; d'un demi-treillis multiplicatif, ibid. p. 128.

(19) Un treillis de Post est un treillis dont les constantes de structure forment une chaîne (DUBREIL-JACOTIN, Op.cit., p. 3). Le nombre d'éléments de la chaîne est dit sur ordre. Sur les treillis de Post d'ordre 3, cf. M. CARVALLO: Logique à trois valeurs, logique à seuil. (Paris, Gauthier-Villars, 1968) I et II partie. Le cas d'un demi-treillis multiplicatif à deux constantes se laisse traiter sans difficultés particulières en fonction du traitement fait du cas du treillis d'ordre 3.

(20) C'est l'application au cas particulier des théorèmes de décomposition classiques en la matière. Cf. DUBREIL-JACOTIN, Op.cit. 2e partie, ch. V; de même G. EPSTEIN: The lattice theory of Post algebras. Trans. of Am. Math. Society, vol 95 (1960) pp. 300-317; Ph. DWINGER: Notes on Post algebras. Indagationes mathematicae, vol. 28 (1966) pp. 462-478. M. CARVALLO, op.cit., pp. 6-16.

(21) Ne pas oublier qu'en ce cas les projections A^S et A^W de A sur les constantes S et W ne sont pas identiques aux projections semblablement notées A^S et A^W du cas précédent: les projections sont des parties disjointes d'une projection à l'autre, de la plus grande des deux constantes (dans un cas W, dans l'autre S) du système algébrique considéré. Ceci rend assez bien compte de l'ambivalence notionnelle du concept traditionnellement ontologique de l'essence.

(22) Cf. un peu plus haut (8,17-22); "La différence de l'essentiel et de l'inessentiel a laissé retomber l'Essence au dedans de la sphère de l'Etre-là, puisque, comme elle est tout d'abord, est déterminée comme de l'étant immédiat, et ainsi seulement comme de l'Autre vis à vis de l'Etre".

(23) W.L.II,9, 6-7.

(24) Ibid., 7-10.

(25) Ibid., 17; cf. infra, 12,36.

(26) Si l'on tient compte du dédoublement naturel de la conceptualité médiante dans chacune des triades conceptuelles couramment mises en avant par Hegel.

(27) Cf. W.L.II,13-36; l'expression entre parenthèses: (das Ideelle) est une addition de la rédaction de 1831.

(28) W.L.II,14,9.

(29) Cf. D. DUBARLE: Logos et formalisation du langage. Paris, Klincksieck, 1977.

(30) W.L.II,14-10-16.

(31) Ibid., 14,17-17,40.

(32) Ibid., 15,3-21.

(33) Ibid., 15,21-16,29 - La nécessité de distinguer ces deux formes de réflexion que sont la Réflexion posante et la Réflexion présupposante a été bien reconnue par D. Henrich (Op.cit. p. 277: "le processus (celui de la Réflexion présupposante) a une forme de négation beaucoup plus différenciée que celle du simple poser".).

(34) W.L.II,20,7-23,14. On peut tenter de se servir des caractérisations données ici de la Réflexion posante et de la Réflexion extérieure pour élucider la formule hégélienne égalant une certaine consistance notionnelle à "l'unité" des deux autres. Hegel dit ici -c'est le premier de ses philosophèmes- que "la Réflexion déterminante est en toute généralité l'unité de la Réflexion posante et de la Réflexion extérieure" (ibid. 20,8-10). On est tenté de caractériser ici "l'unité" des deux consistances notionnelles comme un produit changé de signe des caractéristiques de ces deux consistances:

[Réflexion posante, Réflexion extérieure] = Réflexion déterminante

A quoi correspond (cf. ci-dessus) :

$-[-i][i] = -1.$

Mais la conjecture est ici trop rapide.

DISCOURS, LANGAGE ET LE CHOIX FONDAMENTAL:
STRUCTURES OU FORMES?

par Paul SCHEURER, Nijmegen

Il est deux façons bien différentes de se présenter à une table ronde, quel qu'en soit par ailleurs le thème. Ou bien on s'y rend avec un exposé déjà rédigé de point en point et léché jusqu'au dernier détail, auquel on se tiendra fermement vaille que vaille: c'est ce que les Anglo-Saxons désignent par l'expression consacrée *to read a paper*. Ou bien on se contente d'une récapitulation des thèmes, idées et arguments qu'on désire faire figurer au débat, se fiant à l'improvisation et aux circonstances -l'ambiance de la salle, l'humeur-humour des "chevaliers" invités- quant à la forme qu'il conviendra de donner à leur expression. Mais dans ce second cas, dont il y a lieu en l'occurrence, il serait assez naïf d'attendre d'un texte écrit, à froid, quelque six ou sept mois après le feu de l'événement, qu'il reproduisît fidèlement ce qui fut dit effectivement.

Ne serait-ce d'abord que par l'existence de ces inévitables procédures de transformation entre corpus d'objets et texte écrit final, dont J.-C. Gardin conduit l'analyse de main de maître dans un ouvrage[1)] sur lequel nous aurons l'occasion de revenir. Dans le cas qui nous occupe ici, ces procédures font passer d'un matériel de notes plus ou moins bien rédigées et rassemblées à un texte qui se veut -ou se voudrait- un ensemble bien organisé de propositions canoniquement construites.

Le circonstanciel, ensuite, a imposé sa marque par la disposition même du programme de cette table ronde sur linguistique et mathématiques. Le présent exposé, venant après celui du Père Dubarle sur la linguistique hégélienne, trouvait une introduction toute naturelle dans une brève évocation de l'actualité du triple thématique typique: spéculation, réalité et rationalité, évocation qui, certes, ne s'imposait pas a priori, mais qu'il serait néanmoins regrettable d'étouffer ici complètement, dans la mesure où elle présente un rapport certain avec l'objet de notre exposé. On se contentera par conséquent de ce qui suit.

Près de deux siècles après Hegel, la science actuelle (et non plus seulement la philosophie) est à nouveau hantée par le problème du réel et du rationnel. Preuves en soient les multiples congrès, tel celui devenu mythique de Cordoue, où depuis quelque temps se rassemblent physiciens, métaphysiciens, et comme ajoute narquoisement C. Delacampagne dans le journal *Le Monde*, pataphysiciens, et les ouvrages de plus en plus nombreux de scientifiques qui s'interrogent sur le réel et/ou le rationnel, à l'instar de Feyerabend[2)], de d'Espagnat[3)] et de nous-même![4)] Dans ce mouvement maintenant bien caractérisé, le moins remarquable n'est pas le retour en force de la pensée spéculative comme instrument authentique de recherche scientifique. Les grandes philosophies de la science au vingtième siècle, en particulier l'empirisme logique, ont insisté jusqu'à la nausée sur les deux grandes composantes de l'activité scientifique, la théorisation et l'expérimentation-observation. Il n'est pas sans conséquence que, au cours de cette dernière décennie, la spéculation se soit réintroduite dans le concert de la science en tant que tiers parti. Il s'agit bien entendu d'une spéculation sévèrement bridée, assujettie à des contrôles théoriques et expérimentaux de toute sorte. Mais il est symptomatique de cette fin de siècle de voir la cosmologie, passée au statut de science à part entière, se lancer dans l'exploration des possibles plausibles à l'origine de notre Univers, dans les toutes premières minutes qui ont suivi le Big Bang (en français le Grand Boum) initial[5)], ou d'assister à la proposition d'un Tohu-Bohu (Tohu va Vohu, en anglais et en hébreux!) primordial[6)] à un niveau encore plus primitif dans l'élémentarité que les quarks qui occupaient la scène depuis une vingtaine d'années et qu'on renonce déjà à pouvoir détecter à l'état de particules libres. Mais bien que spéculations, Big Bang et Tohu-Bohu présentent l'immense mérite d'entraîner la recherche sur des voies parfaitement rationnelles et dépourvues d'arbitraire. C'est en nous inspirant de ces modèles respectables qu'ici-même, à côté du réel bien affirmé de la langue et du langage des structures, nous ferons figurer ce qui ne relève encore que du domaine de la spéculation déterminée: le langage des formes.

Il y a enfin que le sujet même de la recherche exposée, à la façon du concept de Hegel, vit d'une sorte de vie propre, et qu'il peut lui arriver de connaître quelques développements marquants à travers les accidents, heureux et malheureux, prévisibles ou imprévus, par lesquels passe l'auteur de cette recherche. En l'occurrence, la cohérence du discours de la dynamique, donnée en exemple dans cet exposé, a permis de déboucher récemment sur un résultat qui, débordant du terrain de l'épistémologie, vient se situer résolument sur celui de la science elle-même (situation qui, on en conviendra volontiers, n'est pas si fréquente en épistémologie et en méthodologie), mettant en évidence que la structure quantique n'est pas forcément reliée au microphysique, et qu'elle se manifeste déjà au niveau de la description cinématique du mouvement. Au nombre de ces accidents, on peut compter la maladie d'un être cher et la mort d'un proche parent; les discussions amicales avec Simon Diner sur les systèmes dynamiques, lors du Colloque de la Fondation de Louis de Broglie à Peyresc, dans l'âpreté sauvage du paysage des Alpes de Haute-Provence; la traduction des articles fameux de G. Holton sur Einstein, en vue d'une publication prochaine[7)], qui mettent bien en évidence la défiance congénitale d'Einstein envers tous les discours, surtout officiels, scolaires ou politiques, et son courage à persister dans le développement de son propre langage en dépit de l'incompréhension autour de lui, pour accéder à cette création libre des concepts qui représente la clé de son épistémologie: quelques chocs dont l'écho assourdi ne peut manquer de retentir dans le présent texte.

Qu'on veuille bien excuser cette introduction, peut-être trop personnelle et surtout trop longue, pour en venir à notre propos. Nous le formulerons, cette fois, très brièvement, en forme de question: "Peut-on rendre compte du langage (et tout particulièrement du langage naturel) en termes de structures seulement?"

La question même implique, de par sa formulation, qu'on propose autre chose à côté de l'analyse purement structurale: ce sera précisément ce que nous désignons par le langage des formes. Probablement convient-il mieux au langage non de le considérer comme structure (ou structures), mais de le traiter en tant que forme. Telle sera justement la troisième et dernière partie de notre exposé. Mais auparavant, dans une première partie, nous tenons à dire, en sorte de mise en garde contre une faute possible d'interprétation trop hâtive, tout le prix que nous attachons à une analyse structurale, conçue dans l'esprit de l'exploration bourbachique des structures, mais développée sur des terrains autres que la mathématique, et dépouillée des connotations par trop philosophiques qui lui sont associées par le structuralisme des sciences humaines françaises des années cinquante et soixante. Entre deux, une seconde partie s'attache à présenter ce que nous entendons viser par notre concept de cohérence du discours, que ce soit en termes de structures ou de formes.

Du langage des structures

Nous avons déjà présenté et développé ce concept dans tout un chapitre de nos *Révolutions de la science*[4)], et le reprenons plus en détail dans un essai encore en chantier, au titre sans doute provisoire, parce que trop long, de *Structuration de l'inconscient scientifique et conscientisation des structures*. Il importe donc d'éviter aussi bien les redites inutiles que le dévoilement précoce. Ce que nous pourrons faire grâce au bénéfice de la rétrospective évoquée un peu plus haut. L'an dernier, en effet, sont parus deux ouvrages, dans des domaines d'emblée bien différents mais dont le propos vient en renfort du nôtre, l'étayant d'autant qu'ils en sont a priori tout à fait indépendants. Nous assistons, en bref, à une renaissance, ou du moins à un renouvellement du structuralisme qui a triomphé en France dans les années cinquante et soixante. Pour qualifier l'aspect résolument nouveau de ce mouvement, et le distinguer de son illustre prédécesseur, il conviendrait de le qualifier de structuralisme second, ou de néo-structuralisme, ou même plus précisément, de structuralisme bourbachique. Pour sa part, J.-C. Gardin le désigne par *logicisme* dans (1). On peut remarquer d'abord que l'ouvrage cité a paru simultanément en français, sous le titre d'*Une Archéologie Théorique*, et en anglais, sous celui, plus concret, et plus en accord avec le génie propre à la langue anglaise, d'*Archeological Constructs*, où le dernier mot rappelle celui de structure, de même origine, mais de connotations renouvelées. Gardin est explicite: à propos de l'archéologie, qui est la science qu'il pratique effectivement, il vise à présenter des procédures valables en fait pour l'ensemble des sciences humaines, et qui concernent les raisonnements par lesquels on devrait passer d'une manière rigoureuse d'un corpus d'objets, le matériel de l'étude entreprise, à l'ensemble de propositions et d'énoncés qui constituent un texte final de l'expression de cette étude. On connaît le mot fameux de René Thom: ce qui est rigoureux est insignifiant. Sans partager cet avis expressément, Gardin voit bien la nécessité de relâcher quelque peu les canons rigoureux de l'analyse proprement logique, inapplicables en fait sinon en droit dans les champs si variés des sciences humaines.

De son côté, c'est à une même constatation et à une même démarche pragmatique que se résoud finalement W. Stegmüller. Cet auteur fécond a fait paraître l'an dernier une sorte d'addendum à son livre bien connu maintenant sur la statique et la dynamique des théories[8)], intitulé: *The Structuralist View of Theories. A Possible Analogue of the Bourbaki Programme in Physical Science*[9)]. L'itinéraire épistémologique de Stegmüller vaut d'être rappelé. Il commence par une adhésion à l'empirisme logique de Carnap, et par la tentative de soumettre l'épistémologie à la mise en forme rigoureuse de la métamathématique, prise comme modèle. Mais ébranlé par la vague des critiques radicales venues de Kuhn, surtout, et de Feyerabend, dans une moindre mesure, il s'est attaché depuis à oeuvrer dans l'approche structuraliste de P. Suppes et de D. Sneed. Ce qui nous autorise à parler de la '45 View', en bref pour 'Suppes-Sneed-Stegmüller Structuralist View'. Car Stegmüller prend grand soin de signaler qu'il s'est rallié au terme de structuralisme, que lui suggérait Bar-Hillel, après bien des hésitations quant à la confusion qui pourrait s'établir avec le structuralisme français des sciences humaines. En outre, il est tout à fait explicite quant à la référence à Bourbaki. De même que Bourbaki, dit-il, a renoncé à la pleine rigueur de la métamathématique pour se vouer à l'étude effective de la mathématique au moyen de l'outil des structures présentées dans un langage non totalement formalisé, abandonnant ce traitement pleinement rigoureux à quelque futur Super-Montague, de même, argue-t-il, l'étude des théories de la physique mathématique doit se conduire sur un schéma identique, le rêve de la pleine rigueur étant relégué à un hypothétique Super-Super-Montague. Par parenthèse, les critiques qui nous ont reproché un abus sémantique dans notre emploi du concept de révolution supercopernicienne ont maintenant de quoi exercer plus largement leur verve.

On le voit, ce n'est pas par un excès sémantique quelconque que nous sommes conduit à introduire cette notion de structuralisme bourbachique, pour le distinguer de son parent illustre. A propos de ce dernier, on a pu parler, non sans raison ni talent, de révolution structurale[10)]. Mais malgré la soudaineté de son apparition sur la scène épistémologique, ce structuralisme (déjà) historique ne constitue qu'un épisode d'un très long et très lent mouvement, qui traverse toute l'étendue et la durée de la science occidentale, depuis les premiers temps miraculeux des Grecs, jusqu'à aujourd'hui même, à ce qu'on vient de voir. C'est le mouvement de la lente émergence à la conscience scientifique de la "présence" des structures. "Présence" figure ici à dessein, pour éviter le terme de "réalité", par trop platonicien, et qui aurait le désavantage de donner une réponse trop rapide au problème fondamental de savoir si les structures existent par elles-mêmes dans le réel, ou si elles ne sont introduites que par notre façon de rendre compte du réel dans les contraintes d'un langage humain.

Mais quel que soit leur statut ontologique, c'est un fait mille fois répété dans l'histoire des sciences que les diverses structures ont été d'abord dégagées opératoirement dans une pratique déterminée, avant d'être reconnues et explicitement nommées. On touche là au domaine de ce que Piaget appelait le stade de l'abstraction réfléchissante, et dans lequel nous nous garderons d'entrer dans ce travail. Nous nous contenterons d'insister ici sur la lenteur d'un tel procès de conscientisation. C'est ainsi, par exemple, que les Grecs, dans leur pratique et leur théorie des harmonies, opéraient effectivement avec la structure algébrique de groupe, bien que cette structure n'ait jamais appartenu à leur horizon conscient, et qu'il ait fallu encore près de deux mille ans de recherches mathématiques pour qu'elle reçoive enfin une reconnaissance explicite. Nous admirons suffisamment M. Serres pour nous permettre de ne pas le suivre quand il veut voir dans le *clinamen* quelque idée première de la différentiabilité, ou prêter à Héraclite une connaissance intuitive des deux principes de la thermodynamique. Pour cette dernière en particulier, les travaux contemporains de Stueckelberg et de Prigogine montrent bien que nous ne sommes pas encore parvenus à une maîtrise complète des structures engagées. Et en général, pour formuler l'*epsilôn* qui sépare l'énoncé correct d'une structure de ceux qui ont pu antérieurement l'approcher, il a fallu parfois des centaines sinon des milliers d'années. "Y être presque" et "y être" sont souvent séparés par de rudes labeurs. Un exemple extrêmement illustratif serait déjà la simple relation (donc moins compliquée qu'une structure) de fonction, opératoire de Ptolémée à Newton, avant d'avoir été nommée par Leibniz, dans un éblouissant programme, et par Bernouilli. Mais de cela en un autre lieu.

Malgré leur éclatant triomphe dans le discours scientifique contemporain, les structures y sont présentées dans un langage, essentiellement extensionnel, tel qu'elles sont par là-même soumises à des contraintes par trop rigides. Si ces contraintes ne sont encore guère sensibles quand il s'agit de rendre compte de la logique et de la mathématique, qui jusqu'ici ont trouvé une description typiquement extensionnelle, le qualitatif et l'intensionnel, qui semblent régner de façon irréductible dans le domaine des sciences humaines, ne peuvent manquer de s'y heurter et d'en être sérieusement affecté dans leur accès à une expression aisée. C'est au relâchement de ces contraintes que nous pensons quand nous proposons de substituer un langage des formes (ou plus exactement des morphologies, mais c'est là un point de détail technique sans importance pour notre propos actuel) à celui, bourbachique, des structures.

Jusqu'ici en effet, et malgré les efforts émérites dans le sens de l'intensionalité d'un Montague, par exemple, les structures se sont exprimées extensionnellement, en termes de relations, c'est-à-dire, en dernière analyse, en termes d'éléments et d'ensembles. De plus, le langage utilisé, dérivé des langages naturels, est du type que nous avons proposé de qualifier de *logomathique*. Nous désignons par là un langage qui partage les quatre caractéristiques syntaxiques suivantes:

1) signes différentiels, c'est-à-dire discrets, complètement déterminés et distincts sans ambiguïté;
2) signes indéfiniment itérables;
3) signes en nombre fini;
4) signes composés séquentiellement (concaténation unidimensionnelle).

Par rapport à cette composition des signes, une logomathique présente donc une structure algébrique de monoïde libre. Sont de ce type les langues naturelles, les langages formalisés qui en sont dérivés, la musique européenne classique dans la mesure où l'on fait abstraction des caractères continus, comme le timbre, la hauteur ou l'intensité. Dans nos *Révolutions*, nous avons probablement eu tort de restreindre le langage des structures au seul type logomathique, car la dimension de présentation des signes (soit la quatrième caractéristique) ne joue pas un rôle essentiel à ce niveau. Rien n'empêche finalement de traiter les diagrammes fléchés écrits sur un support bidimensionnel (feuille de papier, tableau noir, etc.) en tant que structures propres. Mais il n'en reste pas moins que la négation de la troisième caractéristique, c'est-à-dire l'acceptation d'un langage à nombre infini de signes c'est-à-dire encore le passage au type *rhéomatique*, intervient de façon déterminante dans la prévention des structures et leur remplacement par des formes. C'est ici qu'entre en jeu l'élément de spéculation signalé plus haut. Les formes ainsi introduites sont-elles franchement irréductibles à des structures? C'est un point de taille, qui n'a pu être encore vraiment établi. Ce qui peut être avancé pour l'instant, c'est que sur le plan psychologique de la perception et de la manipulation, les formes se comportent comme irréductibles de fait à des structures. Cet argument pragmatique suffit peut-être à emporter la décision.

En fin de compte, l'enseignement à retenir de cette première partie, c'est que, au delà de la quasi universalité des structures, il existe probablement un monde des formes, mieux appropriées aux exigences fondamentales du discours des sciences humaines.

De la cohérence des discours

En lieu et place de la sempiternelle trichotomie anglo-saxonne de l'analyse du langage en syntaxe, sémantique et pragmatique, on propose une analyse en termes de langage et de discours. En effet, il n'est pas rare que, dans un même champ de savoir, des théories diffèrent non par leur syntaxe, qui est la même, ni par leurs ensembles de référence, qui sont identiques, mais bien plutôt par la façon dont elles organisent leur discours autour de principes et de concepts régulateurs respectivement spécifiques. Ainsi en va-t-il, à y regarder de près, des discours de Ptolémée et de Copernic sur le système du monde admis alors. A quelques détails près, les référés sont identiques: les sept "planètes" et les étoiles fixes. Même identité de fond du langage mathématique utilisé: celui de la géométrie euclidienne des cercles ou des orbes. Toute la révolution copernicienne se réfugie donc dans ce seul changement radical, de l'ordre du discours: l'échange de rôle entre la Terre et le Soleil.

Il paraît donc plus pertinent d'opposer langage et discours, comme nous le proposons. Sans trop nous attarder à la recherche de définitions formelles, rigides, et peut-être stériles, nous caractériserons brièvement l'un et l'autre de la façon suivante. Par langage, on cherche à désigner avant tout le moyen de communication symbolique, indépendamment de toute application délibérée à un domaine quelconque du réel. Le langage, c'est ce qui détermine ce qu'on peut dire, et comment le dire. En un certain sens, il délimite le champ de tous les discours possibles. Ces derniers, en revanche, se rapportent toujours à une actualisation effective, à une performance comme dirait Chomsky. Ils se réfèrent explicitement à des domaines spécifiques du réel, auxquels ils cherchent à conférer un certain sens. Ils s'organisent donc autour d'un choix de concepts régulateurs privilégiés. Ceux-ci varient de dénomination d'un auteur à un autre. Les concepts régulateurs sont directement empruntés à Toulmin, tandis qu'Einstein se contentait de concepts libres. Holton porte sa préférence sur les thèmes et les antithèmes, alors que la nôtre irait plus volontiers aux schèmes profonds. Peu importe ici les différences, qu'on ne saurait d'ailleurs négliger dans un autre contexte.

Il est clair que le choix du langage autant que celui des concepts régulateurs vont déterminer fortement le degré de cohérence du discours qu'ils permettent d'engendrer. Un exemple paradigmatique est fourni par le gain de cohérence des discours successifs sur la dynamique du point matériel, de Newton à Lagrange et à Hamilton, puis d'Einstein à disons Cartan, pour ne vexer aucun contemporain. Le langage extraordinairement puissant de variétés différenciables qu'a introduit le dernier permet de gagner encore en cohérence, en replaçant dans ce même cadre mathématique dynamique classique, dynamique relativiste et dynamique quantique (ce qui ne veut pas dire qu'on les y confonde!). Il s'agit là d'un processus que nous avons proposé d'appeler 'dérévolution scientifique'. Mais malgré Michel Serres, qui nous annonce la proche venue au pouvoir de ce Tiers Instruit, à l'aise aussi bien en lettres, en sciences humaines qu'en sciences exactes et en mathématiques, nous renonçons ici à en dire davantage. Que le lecteur se rapporte au chapitre concerné de nos *Révolutions*, s'il veut et peut en savoir plus. Nous voudrions cependant relever au moins deux règles méthodologiques auxquelles il faut s'astreindre sans défaillir si l'on veut parvenir au bout du processus, et accéder à ce sentiment merveilleux que confère, à celui qui la perçoit, une cohérence accrue de discours jusqu'alors juxtaposés, voire dispersés. La première règle exige que, une fois le langage et les concepts régulateurs fixés, on s'y tienne à tout prix. La seconde règle demande qu'on cherche à épuiser toute la richesse structurelle ou formelle de la représentation choisie. Règles "évidentes", semble-t-il, mais hélas trop souvent enfreintes! Ceci vaut sans changement pour l'analyse de la langue, et c'est l'enseignement que nous demandons de retenir de cette partie intermédiaire. En particulier, en vue d'une cohérence accrue, il importe de se décider d'emblée sur le langage dans lequel on procédera à cette analyse: langage des structures ou langage des formes.

De la langue comme forme

Aucun doute n'est permis: les analyses actuelles de la langue parmi les plus pertinentes choisissent le langage des structures comme langage fondamental, et se différencient seulement quant aux structures privilégiées à retenir. L'une après l'autre, elles s'engouffrent sans vergogne dans la brèche ouverte par la phonologie praguoise des Troubetzkoy et Jakobson, à l'éclatant succès que l'on sait, et qui leur sert de modèle plus ou moins avoué. Ce rôle de modèle de la phonologie s'est même étendu aux dimensions d'un véritable paradigme du premier structuralisme des sciences humaines, dans la reconnaissance explicite qu'en a faite Lévi-Strauss comme fondement de son anthropologie des structures élémentaires de la parenté. Mais, pour la langue au moins, de quel prix n'a-t-il pas fallu payer ce succès! Le langage des structures, certes, est adéquat à rendre compte des structures de la langue, mais celles-ci n'ont pu être obtenues que par réduction, mutilation, amputation forcenées de la forme qui les porte. Comme le dit presque McLuhan, ici c'est le medium qui est le message: une logomathique traduit une autre logomathique, ni plus ni moins. Pourtant, tout discours est d'abord une forme du réel. Il est localisation actuelle du réel, tout autant qu'une montagne, un proton, un lion, un homme ou un éclair. On ne sait pourquoi la plupart des philosophes de la connaissance, relevés aujourd'hui par certains praticiens de ce que les Anglo-saxons désignent désormais du nom de *cognitive sciences*, s'acharnent sans relâche à nous peindre un sujet désincarné se posant le réel devant soi. Alors qu'il ne peut s'agir, dans la connaissance, que d'une interaction réel-réel, la différence portant seulement sur l'opposition entre local et global. Que nous sachions, le sujet connaissant est toujours un être de chair et de sang, et par là une forme du réel, comme le sont également ses processus mentaux, qu'il articule ou non l'expression de sa pensée. Certes, tout discours est une forme du réel, et il n'y a peut-être finalement que le système de la langue qui ne le soit pas. Car celui-ci, en fin de compte, n'apparaît qu'à la fin de toute une chaîne de découpage, de séparation et de mise en structure, comme l'on dit mettre en forme mais aussi bien mettre en bière!

On procède d'abord à une première espèce de séparation, afin de transformer la forme réelle en une seule forme sonore qui se déroule selon l'axe du temps. On en élimine tous les aspects pragmatiques, qui relèvent de l'occasion, dit-on que celle-ci concerne l'intention du locuteur ou celle du (ou des) auditeur(s), qu'elle touche aux circonstances de l'acte locutionnaire, comme dit Strawson, ou au contexte dans lequel il prend place. De cette forme sonore linéarisée le long du temps, qui présente maintenant les régularités de la parole, on retire ensuite toute une série de paramètres continus: intensité, hauteur, timbre, tonalité, prononciation, accent, etc. qu'on relègue au rang de prosodèmes. En fin de compte, on recueille une combinatoire par concaténation d'unités élémentaires différentielles, que Jakobson qualifie avec justesse de quanta de la langue. Les quanta sont en effet discrets, distincts, en nombre fini, indéfiniment itérables au cours du temps, donc combinables dans une structure algébrique de monoïde libre. On récupère bien ainsi une logomathique, admirablement bien adaptée au traitement logomathique.

Mais comment traiter la forme réelle du discours, sinon par d'autres formes réelles? On pourrait certes songer à remonter la chaîne de l'analyse précédente, à procéder à une resynthèse, par intégration des paramètres perdus dans une superstructure de plus en plus englobante et totalisante. Comme ces paramètres sont continus, peut-être la seule combinatoire algébrique ne suffirait-elle plus, et faudrait-il incorporer à cette superstructure quelque structure topologique. Cela se fait.

Mais il paraît peu vraisemblable que, de la sorte, on puisse remonter plus haut que le stade de la parole, de la forme sonore, déjà par elle-même un élément de réalité, il faut le concéder. Cependant, on peut douter que toute parole se laisse enfermer dans une superstructure géante. L'actualité nous offre, à ce propos, un événement de taille: la publication du *Paradis* de Ph. Sollers[11)]. Que penser de ce texte -c'en est un, incontestablement-, aux structures volontairement disloquées, éclatées? Magma informe, disent certains; essai génial d'un mode nouveau d'expression, avancent d'autres, où le langage ne vaut qu'en tant que forme, ajouterons-nous. Nous savons par communication personnelle de Sollers que sa tentative ne doit absolument rien à notre concept de langage des formes. Cette totale indépendance nous la rend encore plus intéressante, car qui peut prétendre que le hasard apparent ne dissimule pas en fait quelque convergence encore cachée. Mais le poète possède au moins cet avantage sur l'analyste qu'il peut produire relativement librement sa forme, tandis que ce dernier doit pour l'instant se contenter de cette seule exhortation: "Le langage des formes existe, mais il est encore à produire. Cherchez!". Ce sera provisoirement, notre conclusion.

R é f é r e n c e s

(1) J.-C. GARDIN: Une archéologie théorique. Paris, Hachette, 1979 et Archeological Constructs. Cambridge, Cambridge University Press, 1979.

(2) P.K. FEYERABEND: Science in a Free Society. Londres, NLB, 1978.

(3) B. d'ESPAGNAT: A la recherche du réel. Paris, Gauthier-Villars, 1979.

(4) P. SCHEURER: Révolutions de la science et permanence du réel. Paris, P.U.F., 1979.

(5) S. WEINBERG: Les trois premières minutes de l'Univers. Paris, Seuil, 1978.

(6) H. HARARI: "A Schematic Model of Quarks and Leptons", in Physics Letters, 86B, no 1, (1979), 83-86.

(7) G. HOLTON: Aspects thématiques de la science. Paris, P.U.F., trad. fr. par P. Scheurer, à paraître en 1981.

(8) W. STEGMÜLLER: Theorie und Erfahrung, II,2: Theorienstrukturen und Theoriendynamik. Berlin, Springer, 1973.

(9) W. STEGMÜLLER: The Structuralist View of Theories. Berlin, Springer, 1979.

(10) J.-M. BENOIST: La révolution structurale. Paris, Grasset, 1975 et Paris, Denoël, 1980.

(11) Ph. SOLLERS: Le Paradis. Paris, Seuil, 1980.

REMARQUES DES PARTICIPANTS

Christian HOUZEL

Vous semblez considérer que le travail des sciences consiste à trouver un langage pour représenter les phénomènes naturels; vous répétez des expressions comme "langage des structures", "langage des variétés différentielles", etc. Je dirais au contraire que les sciences construisent des théories où fonctionnent des concepts qui rendent compte des objets. Ces théories d'ailleurs ne représentent pas nécessairement le réel: elles cherchent à l'expliquer.

Vous mettez aussi sur le même plan l'expérimentation scientifique et l'observation et cela vous conduit à une position proche de l'empirisme.

Enfin et d'une façon correlative, votre histoire des sciences me semble "récurrente". Vous dites, en effet, que les concepts de groupe ou de fonction étaient "déjà à l'oeuvre" avant d'avoir été "nommés", qu'il fallait seulement les "reconnaître". Pour moi, les concepts mathématiques sont produits au cours de l'histoire et ils ne peuvent exister avant d'avoir été.

Francis JACQUES

Ma remarque porte sur votre terminologie et n'est pas sans portée épistémologique. Voici: l'intelligibilité, dites-vous, devrait venir de la forme parce qu'elle est donnée dans le réel, plutôt que de la structure qui a des capacités génératives et déductives, mais qui représente une réduction violente imposée aux phénomènes. J'attire votre attention sur le fait que vous prenez le mot 'forme' en un sens qui n'est pas aristotélicien. Qui plus est, ce sens vous conduit à inverser les rapports, traditionnels en épistémologie, entre forme et structure. Classiquement, la forme s'oppose à la matière dont elle ne retient qu'un abstrait d'appauvrissement, un extrait qualitatif du perçu. En revanche, la structure est adhérente au structuré, rejoint le réel en tant que structurable . Sauf à définir ce que vous entendez par "forme", je continue à y voir une abstraction du réel qui ne saurait déterminer ce qui lui est individuel et concret.

Devant cette aporie que dégage la discussion d'une "algèbre des formes", je m'avise que votre tentative est légitime dans son projet. Elle s'oriente dans la même direction que d'autres recherches épistémologiques. Celle de G.G. Granger tout d'abord. On parle de style de Cauchy, de Hilbert, d'Euclide. Pour viser l'activité d'information du réel, pour y introduire une surdétermination structurale apte à traduire l'individuel, il s'agit de dépasser la pensée des structures en restituant l'activité indi-

viduelle de structuration du donné.

Pour mon compte, cherchant moi aussi ce que vous appelez un "triple", je préfère faire appel de la rationalité axiomatique ou structurale vers une rationalité d'un autre ordre. Celle qui est à l'oeuvre dans la délibération sur les fondements d'une théorie. C'est elle qui conduit historiquement aux consensus sur une nouvelle catégorisation. Voyez, par exemple, ce qui se passe au Congrès de Solvay en 1927 entre Einstein et Bohr: il en va, à propos de la notion de probabilité en mécanique quantique, d'un remaniement des fondements, d'une restructuration catégoriale pour un champ de phénomènes. De même la correspondance entre Cantor et Dedekind, Cantor et Kronecker, Hadamard, Borel et Lebesque, nous fait pénétrer dans la genèse métathéorique qui apporte les raisons d'un nouveau choix théorique. Ce raisonnement délibératif est chaque fois singulier. Ce n'est pas un hasard si Galilée adopte dans les Discours sur deux sciences naturelles (1638) la forme d'un dialogue entre Simplicio le péripatéticien, Salviati son porte-parole et un arbitre honnête homme: Sagredo. Bernays appelait "rationalité heuristique" le mouvement qui aboutit à installer un nouveau mode de structuration du réel. Et Lakatos dans Proofs and Refutations (1975) n'est pas en désaccord: 1) il s'agit d'une pensée qui n'est plus structurale, 2) elle se meut dans le contexte de la découverte, 3) elle s'expose dans la langue naturelle, et de manière naturelle dans le dialogue. Voyez Galilée. Il écrit en italien les passages dialogués qui précèdent ou justifient l'exposé axiomatique en latin des théorèmes de sa nouvelle mécanique.

Je me résume: il faut dépasser la pensée structurale. Cet au-delà, je le trouve dans le méta-texte où une activité de restructuration catégoriale s'élabore ou se justifie.

René THOM

La définition d'une forme au sens usuel -celui de la Gestalttheorie- fait intervenir des relations d'équivalence qui, en général, ne peuvent être formalisées. De ce fait, il est le plus souvent impossible de définir une "combinatoire" de formes conduisant à un système formel au sens habituel. On a affaire, non à des "formes", mais en fait à des "trous", à des "places" dont seule importe la concaténation. Un "langage des formes" ne sera utile que dans la mesure où la "forme propre" de chaque élément sera prise en compte. Mais on prend alors la générativité et on ne peut plus faire qu'une taxinomie.

THÈME ET SUJET GRAMMATICAL D'UNE PHRASE

par René THOM, Paris

Dans le fil d'un discours tenu par un locuteur (L) à son auditeur (A), considérons l'état psychologique de (L) et (A) au moment où (L) s'apprête à énoncer une phrase (P). Puisque le discours de (L) est *compris* par (A), les interlocuteurs (L) et (A) ont alors en commun une certaine vision du processus décrit, et cette vision permet à l'auditeur (A) une certaine prédiction -une certaine attente- de ce que (L) va pouvoir dire au cours de la prochaine phrase (P). Est-il légitime d'appeler "présupposition" cette vision commune? Mon expérience passée du monde des linguistes m'a appris -à mes dépens- que ces spécialistes sont très sourcilleux sur le plan de la terminologie -d'autant plus sourcilleux- me semble-t-il que leurs présupposés théoriques sont superficiels et inconsistants. Quoi qu'il en soit, ce vocable de "présupposition" me paraissant un peu plus précis que celui de contexte ou d'environnement, je m'y tiendrai par la suite ...

On peut alors se demander si la présupposition a une structure; elle est évidemment directement liée au souvenir des phrases antérieurement prononcées (et pour (L)) à l'anticipation de celles à venir. Mais, en un sens plus large, on pourrait dire qu'elle contient tout l'univers sémantique commun aux locuteurs d'une même langue ... Il est donc raisonnable de se représenter métaphoriquement la présupposition comme une sorte de vaste paysage, avec une zone centrale -zone focale- fortement éclairée qui contient le processus décrit par les phrases immédiatement antérieures; en s'écartant de cette zone centrale focalisée, on va vers les contenus plus anciens, jusqu'à se perdre dans les brumes du souvenir, d'où n'émergeront que les éléments sémantiques stables propres à l'organisation globale de l'univers sémantique commun aux locuteurs de la langue considérée.

Très fréquemment, le "processus" décrit par (L) à (A) est un récit qui narre ce qui arrive à un ou plusieurs personnages -ou entités- bien définis: les "actants". On peut alors se poser la question: à l'instant considéré (où (L) va émettre la phrase (P)) existe-t-il une borne supérieure au nombre des actants contenus dans la présupposition? Au moins dans la zone focale, on ne doit pas s'attendre à ce qu'il y ait un grand nombre d'actants; si en effet la phrase (P) est simple, et ne comporte qu'un seul noeud verbal, elle ne peut comporter qu'un nombre restreint d'anaphoriques (pronoms personnels en français) et ces anaphoriques remplissent alors par rapport au noeud verbal des fonctions casuelles en nombre très limité: trois, si l'on en croit Tesnière, peut-être quatre si on accepte des cas plus obliques comme l'instrumental.

Par exemple:

> Pierre, se promenant avec Marie, aperçoit une fleur: il la cueille pour la lui donner.

On a dans la seconde phrase trois anaphoriques: il, la, lui ... et il n'y a pas ambiguïté quant aux référents de ces pronoms personnels. On peut avoir des phrases à quatre anaphoriques:

> J'ai obtenu de Jean ces renseignements: je ne vous dirai pas les voies par lesquelles il me les a transmis.

Cet exemple est déjà un peu artificiel, parce que l'un des anaphoriques (lesquelles) a un antécédent direct.

On ne risque guère de se tromper -par suite- en affirmant que le nombre des actants susceptibles d'être référés anaphoriquement dans une phrase simple ne peut guère excéder quatre. S'il y avait plus de quatre actants au foyer de la présupposition, cela causerait dans la référence des anaphoriques des phrases ultérieures une ambiguïté insupportable. En l'absence de tout autre élément, la présupposition actantielle à l'émergence d'une phrase (^{o}P) est constituée des actants de la phrase antérieure (P_o) qui précède (P). Mais on peut avoir à raconter des histoires impliquant plus de trois ou quatre actants. En ce cas, il faudra nécessairement, avant d'énoncer quelque phrase (P) intervenant dans le récit, opérer une permutation dans l'importance focale des actants présupposés. Il s'agit donc, avant d'énoncer (P) proprement dite, d'opérer une "catastrophe" dans la hiérarchie focale de la présupposition, en amenant au premier plan un actant défini antérieurement, mais passablement oublié depuis. Toute langue dispose d'outils pour cette opération, qu'on appellera la "thématisation". Dans les langues de moi connues (c'est-à-dire, bien peu), il semble bien que la thématisation ne peut guère porter que sur un seul actant, destiné à devenir -en français- le sujet ou le complément direct de la phrase (P) qui suit. Si l'on essaye de thématiser simultanément sujet et objet[1)]:

Quant à Pierre et Marie, il l'aime (non acceptable)

par opposition à:

Quant à Pierre et Marie, ils s'aiment...

En japonais, le thème est marqué par la postposition wa, le sujet par ga, et le rapport entre thème et sujet est fréquemment un rapport génitif:

Nippon wa yamaga oi : il y a beaucoup de montagnes au Japon
ou les montagnes du Japon sont nombreuses ...
ou le Japon a beaucoup de montagnes ...

Une fois le "thème" posé, existe-t-il une fonction préférentielle du thème par rapport au noeud verbal de (P)? On pourrait croire -selon la pratique apparemment fréquente du français- que thème et sujet sont fréquemment confondus. Mais ceci suppose résolue la problématique du "sujet" grammatical d'un noeud verbal, une notion que beaucoup de spécialistes récusent. Pour les verbes "univalents" de Tesnière, l'unique actant du noeud verbal peut sans inconvénient être dit le sujet; pour les verbes bi ou trivalents, il peut y avoir ambiguïté. Mais alors on peut avoir recours à des critères sémantiques pour déterminer le sujet:

* l'actant qui survit au processus (si l'un des actants disparaît dans le processus, c'est l'objet);

* l'actant qui initie le processus (donc la cause);

* l'actant au bénéfice duquel le processus a lieu (is fecit cui prodest).

Evidemment, parfois, ces critères entrent en conflit... En fait, la notion de sujet est inséparable d'une théorie des "voix" du verbe: la mise d'un verbe à une voix marquée (comme la voix passive en français) revenant à conférer la qualité de sujet à un actant considéré usuellement comme complément (direct ou "oblique"). La "voix" sera d'autant plus marquée que l'actant pris comme sujet est plus "oblique" dans le noeud verbal initial. La "voix" moyenne dans les langues indo-européennes classiques a pour effet de restreindre le noeud verbal aux situations où les deux critères du sujet, par causalité ou finalité, sont équivalents; l'action déclenchée par le sujet revient sur lui (ou vers lui); et même pour certains verbes décrivant des états affectifs ou physiologiques (mainoumai), la première partie -causale- du processus peut manquer...

Nous allons considérer tout à l'heure un cas où le "thème" est l'objet du processus verbal; le sujet est alors un actant sorti inopinément du décor, et qui vient affecter l'objet au cours d'une interaction par contact. Dans cet exemple, il n'y a pas présupposition au sens strict, parce qu'il s'agit de l'observation pure et simple d'un phénomène mécanique, à savoir la collision élastique de deux boules se mouvant sur un axe horizontal OX. On fait observer le phénomène par un observateur lié à un repère galiléen (G), muni de la vitesse c sur OX. On demande alors à l'observateur de décrire verbalement le phénomène. Inutile de dire que l'expérience n'a pas été faite effectivement; il s'agit ici d'un "Gedankenexperiment" effectué par un observateur francophone. Les fanatiques de l'expérimentation pourront évidemment s'amuser à la réaliser effectivement: inutile de dire qu'il est douteux qu'ils obtiennent autre chose que ce que l'évidence linguistique immédiate apporte à la réflexion ...

Nous avons vu qu'un des critères pour déterminer le sujet d'un noeud verbal simple repose sur la causalité; le sujet est l'actant dont émane l'action efficace qui va agir sur l'objet et le transformer (dans les processus à deux actants, décrits par un verbe bivalent). On peut en effet penser que notre intuition de la causalité est liée à la présence de "schémas causatifs archétypes". Le schéma causal type est le suivant: un corps "actif" (C), porteur d'une "influence active" (I), s'approche du corps récepteur (R); au contact de (R), le corps (C) cède à (R) une part de son influence active (I); (R) peut ainsi devenir, à son tour, un corps actif susceptible de transporter l'influence (I). Le schéma global est le schéma de don, de transfert: mais l'influence active (I) transmise de (C) à (R) n'est pas en général un actant spatialement délimité: il s'agit plutôt d'une grandeur physique abstraite; pour nos deux boules en collision, (I) sera du moment cinétique. S'il s'agit d'un corps (C) plus chaud que (R), alors (I) est la chaleur, l'énergie calorifique...

Rappelons brièvement la théorie de la collision élastique: désignons pas (G) la boule de gauche, par (D) celle de droite; supposons-les de masse égale (à l'unité). Désignons par g_o, g_1; d_o, d_1 les vitesses de (G), resp (D) avant et après la collision. Ces vitesses, mesurées sur OX, sont liées par les deux principes:

Conservation du moment cinétique (produit M.V):

$$g_o + d_o = g_1 + d_1$$

Conservation de l'énergie cinétique ($\frac{1}{2}$ MV^2)

$$\tfrac{1}{2}(g_o^2 + d_o^2) = \tfrac{1}{2}(g_1^2 + d_1^2)$$

Si l'origine est le centre de gravité des masses, on a

$$0 = g_o + d_o = g_1 + d_1, \qquad \text{d'où} \qquad g_1 = -g_o; \quad d_1 = -d_o$$

on suppose évidemment g_o positive, d_o négative. On posera pour simplifier $g_o = v$.

En l'absence de toute présupposition, l'actant immobile par rapport à l'observateur (ou faiblement mobile) sera pris comme *thème* de la phrase; l'actant rapidement mobile sera considéré comme "corps actif", donc comme *sujet*. Le thème devient alors l'objet du noeud verbal. Pour une vitesse (c) du repère nulle, (G lié à O), les deux boules jouent des rôles symétriques, et l'expression verbale impose la forme réflexive, avec un sujet au pluriel ...

L'axe (c) des vitesses devient ainsi le support d'une sorte de diagramme de phase (au sens de la Physique) qui donne les différentes descriptions verbales de la collision.

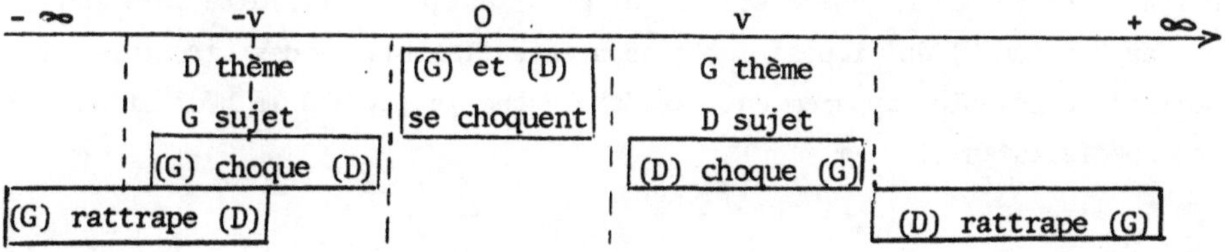

On voit que la description verbale du même phénomène physique dépend en sa syntaxe du repère lié à l'observateur; une simple translation de l'origine aurait pu modifier la marque de localisation du processus, mais non la forme syntaxique de l'expression. (Selon Greenberg, c'est un universel que toute phrase peut être précédée de marques de temps et de lieu).

Le principe de la relativité n'est pas valable en linguistique pour les déplacements galiléens ...

La conclusion à tirer de cette "expérience mentale" est que tout "spectacle", même en l'absence d'un message verbal antérieur, crée en quelque sorte sa propre thématisation (implicite et non marquée verbalement, en général)[2]. Le thème, du fait qu'il est fixe dans le décor, a tendance à s'incliner devant un sujet plus actif, inopinément survenu de l'exérieur.

Les langues ont évidemment des modes de thématisation très variés. Plus une langue a tendance à se servir d'anaphoriques -en évitant la répétition du nom des actants- plus la thématisation y est nécessaire. Enfin la thématisation peut admettre des gradations: en français, l'opposition article défini, article indéfini est une forme douce de thématisation: l'article défini est un thématisateur affaibli. On notera que dans le discours enfantin, on éprouve le besoin d'une certaine thématisation, même avec permanence de l'actant sujet: Et pis la maîtresse est venue,...et puis je lui ai dit bonjour...et pis elle m'a répondu... Les modes extrêmement divers dont les langues se servent pour thématiser sont une des sources de la difficulté à préciser la typologie -Greenbergienne- des langues. Ainsi le chinois a la typologie SVO si le sujet est thématisé, VS s'il ne l'est pas. Ces quelques observations ne font guère qu'effleurer un sujet très vaste: je voudrais seulement en conclure que derrière cette apparente diversité, règne en fait une grande rigidité dans l'organisation des actants autour du noeud verbal, et que c'est cette rigidité même (au niveau "profond") qui impose cette apparente flexibilité des structures de surface. Conclusion apparemment paradoxale que je livre à la méditation des spécialistes...

N o t e s

1) Comme l'a fait A. Culioli, avec la thématisation plus brutale de la segmentation, cela devient possible: Pierre, Marie, il l'aime.

2) Comme me l'a fait remarquer I. Mel'čuk au cours de la discussion qui a suivi l'exposé, en toute phrase, même non thématisée explicitement, il y a un thème.

DESCRIPTION GLOBALE, DESCRIPTIONS LOCALES, DESCRIPTION PARTIELLE

(Microsystèmes comme pratique argumentative didactique et heuristique dans le cadre des sciences du langage)

par Yves GENTILHOMME, Besançon

J A L O N S (récapitulatif des thèmes abordés ci-dessous)

Un faux problème: globalisme et localisme fanatiques et manichéens. "Métaphysique - je suis là!" Le pavage pervers du référentiel. Le référentiel - cet inconnu. Crassiers prometteurs et observables encryptés. Le flou existentiel. Les poubelles et les combles du lexique. Trop de puissance nuit. Un "tiens" vaut mieux que deux "tu l'auras". Simulations locales. Assumer son quotidien.

Microsystèmes de microsystèmes. Microsystèmes algorithmiques. A chacun son chapelet. De l'accord des participes au chaud et froid. Nous avons tous notre droite des réels. Le préordre partiel et flou, ce malaimé.

Notion de notion de microsystème. Enoncé définitoire compact et parabole raisonnée. L'antitarskisme (primaire). Un générateur-catalyseur. Comment rompre le cercle vicieux. Méthode itérative. Le va-et-vient cybernétique. Lubrifiants didactiques. Information stérile. Où la foi sauve la convergence.
Evocation du barbacole sirien. Apologie de l'inutile et les illusions perdues.
Deux options. Dyscompréhension.
Une procédure transcendantale. Consécration officielle. On le savait depuis toujours. Une famille indéfinie et quatre conditions. La rupture culiolienne. Le moi n'est pas toujours haïssable. Une pause.

Les vices de l'image. Des patatoïdes euler-venniennes, par la Stammbaumtheorie, vers le référentiel mal pavé. Les repoussoirs utiles. Qu'est-ce qu'une partie?
Géométrisation stimulante et modélisation métaphorique - étapes nécessaires.
Instruments de pensée. Genèse créatrice et logique opérante. Notion, concept.
Immersion, représentativité-ubiquïté.
La métaphore est-elle transparente?
Les frères ennemis: deux ouverts adjacents. Puissance didactique.
Problèmes de frontière. Venn et Carroll, Jordan ou Gibbs? Suis-je moi et non-moi?

Ensemble de quoi? Les flous existentiels et essentiels.

Eclatement de la notion.
La diachronie est dans la synchronie. Différentielle temps. Concepts tangentiels.
L'actuel et le potentiel. De quoi cause-t-on? Hypothèse rationaliste ou système construit? Les microsystèmes intermédiaires des apprenants.
Pouvoir séparateur et séparations essentielles.
La mitose des frères ennemis - une question.

L'énigmatique apprenant.
Flux incident et flux émergent. Le dynamique apprenant et sa boîte noire.
Les états d'âme de l'apprenant, les trajectoires de l'écolier et la vocation du bon maître. La géodésique didactique. Les étapes utilitaires.
Avec quoi bourrer la boîte noire? Le pédagogue rétroactif et ses hypothèses.
"Je bouille d'impatience".
La commutation et sa cellule élémentaire, la quatrième proportionnelle.
Construire une théorie ou transmettre un savoir? Former l'esprit, qu'est-ce à dire? La bolée des apprenants. L'outil didactique: le microsystème.
Le treillis des réduites.
Est-elle sotte directement ou indirectement?

Conclusion:

Les faux problèmes sont de vrais problèmes.

> "Chaque siècle se moquait du précédent l'accusant d'avoir généralisé trop vite et trop naïvement. Descartes avait pitié des Ionniens; Descartes à son tour nous fait sourire; sans aucun doute nos fils riront de nous quelques jours."
> Henri Poincaré : La Science et l'Hypothèse, 1909, p. 168.

UN FAUX PROBLÈME

En se plaçant dans une perspective épistémologique manichéenne il semble naturel de mettre en concurrence : *modélisation globale* et *modélisations locales*, avec en filigrane une trame de *postulats métaphysiques* plus ou moins conscients, tels que:

- seule une modélisation (description) d'un type donné relève de la science;
- seule une modélisation d'un type donné est possible;
- une modélisation scientifique est indépendante de l'usage que l'on compte en faire;
- le meilleur modèle est celui qui est capable de rendre compte d'un *maximum* de faits du langage appréhendé à travers les langues naturelles;
- la linguistique doit s'inspirer de l'épistémologie des sciences estimées comme *les plus évoluées* (ainsi, pour fixer les idées, parmi les cinq strates du développement historique des sciences définies par Bachelard dans "La philosophie du non", on accordera sa préférence aux deux dernières: le "rationalisme" et le "surrationalisme");

etc.

Il ne nous appartient pas ici d'usurper un rôle qui n'est pas le nôtre, mais, en tant que modeste *praticien* de la linguistique, à la lueur de nos connaissances restreintes, de fournir une argumentation raisonnable contre la thèse manichéiste, fondée, ce nous semble, sur une *série de malentendus*. Nous soutiendrons qu'au sein d'une discipline en voie de développement, coexistent deux *mouvements dialectiques* d'apparence parfois contradictoire le "localisme" et le "globalisme", qui s'appellent et se complètent l'un l'autre.

Pour faciliter notre discours, nous schématisons les *deux pôles cardinaux de la disjonction* (auxquels nous associons l'épithète "fanatiques" pour souligner leur caractère polaire excessif).

Par "globalisme fanatique" nous entendons la profession de foi selon laquelle il n'existe qu'une théorie et une seule susceptible de rendre compte de tous les faits dignes d'être pris en considération -faits que nous regroupons au sein d'un "référentiel" hypothétique- toutes les autres théories devant être stigmatisées comme "hérétiques" et "vicieuses", ou, simplement, inadéquates.

Inversement, par "localisme fanatique" nous entendrons la profession de foi selon laquelle le référentiel ne peut être appréhendé dans sa globalité. Tout ce que l'on peut espérer, c'est de circonscrire tant bien que mal des domaines restreints susceptibles, chacun, d'une organisation spécifique[1].

Cette façon de poser le localisme suggère le schéma intuitif dit "pavage du référentiel" à l'aide de microsystèmes, schéma qui tombe sous le coup d'un certain nombre d'*objections classiques*, se laissant visualiser comme suit:

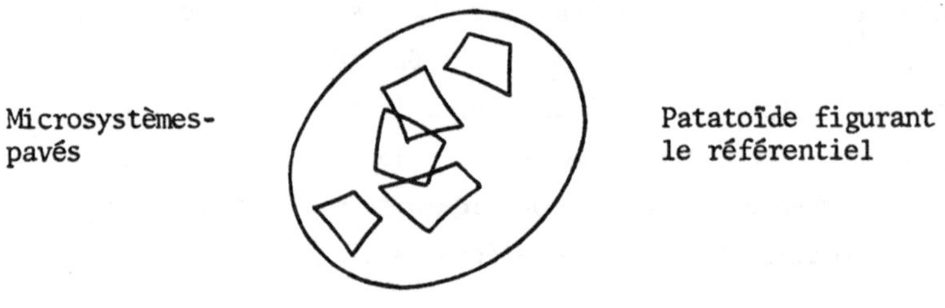

Le pavage est *inacceptable* parce que:

1. Entre les pavés subsistent des *interstices* entre lesquels croissent les chardons et le chiendent.

2. Les pavés peuvent *empiéter* les uns sur les autres et le système des microsystèmes devenant inconsistant, l'utilisateur malchanceux ne manquera pas de trébucher.

En se plaçant sur le terrain de la critique même, on peut objecter comme suit.

1. *Détermination du référentiel.* Comment fait-on pour s'assurer

qu'un fait est digne d'être pris en considération? Ne serait-ce pas précisément parce qu'il est "passible" de la théorie destinée à en rendre compte?

C'est le cas du collectionneur de papillons dont la "théorie" n'attache d'importance qu'aux spécimens aux couleurs chatoyantes, les autres étant indignes d'être retenus dans son filet.

Tel est bien souvent le cas de l'*enseignement des sciences exactes*. Les manuels scolaires sélectionnent les faits capables d'étayer de façon simple et claire les grandes théories, se gardant bien de jeter un coup d'oeil du côté des *crassiers* où mijote la science de demain. Il importe de distinguer *didactique* (transmission d'un savoir acquis) et *heuristique* (recherche d'un savoir).

2. Que signifie l'expression "passible d'une théorie"?

a) S'agit-il d'un "observable" qui ne file pas entre les mailles trop lâches du filet d'Eddington?

b) Le fait rentre-t-il à part entière dans la *symphonie théorique* que l'on joue à cette occasion?

Ainsi la définition du référentiel reste-t-elle tributaire d'une *pétition de principe* qui ne se résoud que par un *dynamisme cybernétique* dilatant le référentiel par inter-réaction permanente entre les *observables de la théorie* et la *théorie des observables*.

3. Il *n'existe pas* de nos jours de *théorie* capable de rendre compte de *tous les faits* ayant attiré l'attention de la communauté linguistique.

La théorie globale universelle reste à venir. En attendant, on se "débrouille" comme on peut. C'est, dans nombre de cas, le point de vue de l'*enseignant des langues*. C'est aussi celui du médecin, de l'ingénieur, etc. dans leurs zones d'activité spécifique.

4. Au niveau des principes, rien ne prouve qu'une telle théorie existera un jour. Sans doute, dans une perspective *déontologique*, est-il sage d'agir comme si une telle théorie devait exister. En attendant, on peut ranger les faits sous deux rubriques, par exemple: compétence/perfor-

mance ou bien syntaxe/lexique, seules les premières catégories relevant de lois générales reconnues.

5. En fait, on se trouve souvent devant un *flou existentiel*[2]. La ligne de démarcation comporte une épaisseur qui n'est négligeable que si l'on a omis de chausser son nez de lunettes de presbyte, omission souvent salutaire dans la dynamique de la recherche (*approximations successives*).

6. L'avantage de réserver une *classe-poubelle* se traduit par le fait de préserver l'avenir en ne perdant pas les "inexpliqués" d'aujourd'hui. C'est d'ailleurs une des raisons pour relire l'oeuvre des grands maîtres qui n'ont pas encore eu le temps de jeter le bébé avec l'eau du bain.

7. Il est notoire, du moins dans les sciences exactes, qu'une théorie d'une *trop grande puissance* exige pour être mise en oeuvre des moyens parfois trop lourds, voire inabordables avec les techniques disponibles. Ainsi, pour ne citer qu'un phénomène connu de tous, les lois du frottement sont, à ne point en douter, explicables par des considérations sur des corpuscules physiques. Cependant, dans la quasi-totalité de nos actes quotidiens, nous faisons usage de microsystèmes locaux.

> "Nous ne sommes pas tous forcés d'illuminer des tubes de Röntgen, de planter des légumes, et de saigner des bestiaux. Mais tous les jours nous expérimentons les conséquences d'un frottement plus ou moins grand, ne serait-ce qu'assis à notre table de travail, pour éviter que notre fauteuil ne s'échappe de dessous de notre séant..."

remarque le physicien Henri Bouasse, cet enfant terrible du début du siècle, dans son cours de <u>Mécanique rationnelle</u>, en 1910 (p. 5). Et nous ajouterons que tous les jours, nous "expérimentons" les lois du langage à travers notre langue usuelle.

8. Pour faire face à la complexité des théories, les physiciens cherchent à mettre au point des *simulations locales*, en usant de moyens mathologiques traditionnels. C'est même, là, tout un domaine de recherche de la physique mathématique moderne.

Cette dernière remarque semble aller tout à fait dans le sens des enseignants des langues.

D'abord, il faut bien en convenir, ce que Desclés appelle l'"unique théorème général de la linguistique" possède un caractère négatif. Le fait que les langues ne soient pas susceptibles d'être décrites par les modèles markoviens ne fournit pas les règles d'accord des participes passés. Les non-théorèmes précaires à caractère positif sont autrement plus utiles dans la vie courante.

Comment expliquer à un étranger qu'il convient de dire en français "les filles se sont fait pincer par les flics" et que l'esprit égrillard de certains de nos compatriotes les incite à sourire d'un air entendu lorsqu'on dit "les filles se sont faites pincer par les flics"?

Un refus provisoire d'explication consiste à reléguer ce fait dans les *combles du lexique.*

Un pédagogue averti cherchant à transformer les "savoirs" des grammaires en "savoir faire", autrement dit, les microsystèmes descriptifs en *microsystèmes algorithmiques*, échafaudera de façon plus ou moins consciente *un microsystème de microsystèmes*, soit que certaines instructions de l'algorithme -perdant leur *élémentarité*- deviennent à leur tour des algorithmes, soit que selon l'état de l'apprenant ou la situation langagière vécue, l'apprenant ait à choisir un algorithme, plus ou moins fin, parmi le stock d'algorithmes disponibles. En termes plus concrets, disons que notre apprenant (et qui n'est pas apprenant lorsqu'il s'agit de l'accord des participes passés avec les verbes pronominaux?) effectuera certains choix et prendra certaines décisions en se dotant de la Grammaire française Larousse, ou Du bon usage de Grévisse.

"Que celui qui n'a pas péché me jette la première pierre!"

Concluons: une description complète des accords est inutilisable. A part quelques érudits grammairiens, aucun Français ne la connaît. En revanche, chacun, selon sa culture scolaire, égraine son chapelet microsystémique plus ou moins efficace, microsystèmes explicités ou non.

Prenons un autre exemple

Soit à préciser l'usage des mots et expressions associés à l'idée de froid et de chaleur, mettons pour fixer les idées, en russe: *xolodnyj, xolodnovatyj, očen' xolodnyj, užasno xolodnyj, neverojatno' xolodnyj, tëplyj, teplovatyj, tol'ko tëplyj, gorjačij, ocen' gorjačij*[3], etc.

Tout naturellement le maître cherchera à situer ces termes sur la *droite des réels*, même s'il ne le dit pas explicitement[4].

Or, il est notoire qu'un tel artifice est voué à l'échec dès qu'on essaie de voir les choses de plus près. Non seulement le *préordre partiel et flou*[5] que l'on observe lorsqu'on cherche à classer les lexèmes relatifs à la notion "chaud, non chaud" ou "froid, non froid", s'accommode fort mal d'une échelle unidimensionnelle linéaire (que d'aucuns vont jusqu'à doter d'une métrique euclidienne), mais encore, un grand nombre de phénomènes linguistiques se trouvent évacués, pour ne par dire occultés.

Pourquoi, par exemple *očen' tëplyj*[6] surprend, pourquoi *gorjačevatyj*[7] ne figure pas dans le dictionnaire en 17 volumes de l'Académie des Sciences, etc.? L'échelle linéaire orientée, même agrémentée du gadget topologique de l'homéomorphisme, autrement dit, définie modulo une transformation biunivoque et bicontinue près, reste un modèle *plus que précaire* et pourtant *non-provisoire*, puisque repris de génération en génération par des pédagogues, voire par des théoriciens.

Doit-on lui substituer dès l'abord le modèle bidimensionnel de la *notion de chaleur*, constitué d'un domaine et de son complémentaire, frontière mise entre parenthèses, avec un point d'accumulation jouant le rôle d'attracteur?

Nous reprendrons ce problème didactique à propos des "microsystèmes repoussoirs" et de leur *pouvoir explicatif* à l'échelle humaine.

Nous en arrivons donc à cette *conclusion bâtarde*: d'une part la *Science en marche* élabore des théories dont certaines porteront des fruits comestibles à plus ou moins longue échéance, d'autre part notre quotidien se pave de microsystèmes sans grandes prétentions, à caractère plus ou moins subjectif et qui nous permettent de *vivre notre quotidien*.

Cependant, rappelons que nous nous somme placé sur le terrain de joute du *manichéïsme primaire* et qu'il serait peut-être juste de proposer également le nôtre (que nous ne souhaitons pas "primaire").

Pour ce faire, rappelons d'abord ce que nous entendons par *micro-*

système.

N o t i o n d e n o t i o n d e m i c r o s y s t è m e

Pour faire saisir en un *énoncé compact* la notion de microsystème, nous avons proposé l'énoncé d'allure définitoire suivant:

Un microsystème est un système finalisé, suffisamment petit, voire prédégénérescent -pour pouvoir être traité avec l'approximation requise, en un temps réel, compte tenu de la technique expérimentale ou discursive, disponible.

Nous avons bien insisté sur le fait qu'il ne s'agissait pas d'une définition, car les termes définissants ne sauraient être considérés comme *primitifs*, parce que simples et clairs. On ne pouvait guère adhérer ici au modèle tarskien de la terminologie scientifique où, partant de notions qui tombent sous le sens, qui peuvent se passer d'une définition, on construit des notions qui, elles, requièrent une définition.

De cela il ne faut pas conclure qu'à l'intérieur de certaines disciplines on ne puisse pas introduire des *concepts particuliers* de microsystèmes, se pliant aux nécessités d'un raisonnement rigoureux.

Suggérons plutôt que nous souhaitons faire jouer à la notion de microsystème le rôle de *générateur*, de *catalyseur* de concepts de microsystèmes.

Il existe bien d'autres façons d'aborder la notion. Nous avons souvent utilisé la technique de la *parabole raisonnée*, en d'autres termes la technique de la *modélisation fugace*, provisoire et précaire. Le modèle support doit être *oublié* dès qu'il a joué son rôle.

D'ailleurs, il est difficile de détacher complètement la notion de microsystème des notions conjointes telles que: *isolement d'un système, immersion dans un système plus vaste, expansion interne, structure interne, représentativité, adéquation partielle, élémentarisation théorique*, etc.

Nous aurions plutôt tendance à invoquer une manière de *circularité fondamentale*, où par un *va-et-vient cybernétique*, la connaissance plus affinée d'un terme rejaillit sur la connaissance de tous les autres.

Essayons de nous faire comprendre par une métaphore mathématique. Imaginons un système d'équations que l'on cherche à résoudre par la *méthode itérative*. On attribue à chaque inconnue x_i ($1 \leqslant i \leqslant n$) une valeur provisoire x_i^k (k = 1,2,3,...) et de l'inadéquation du résultat, moyennant une technique de calcul approprié, on tire des valeurs améliorées x_i^{k+1}. En bref (en escamotant le détail des calculs), on a :

$$x_1^{k+1} = f_1(x_2^k, x_3^k, x_4^k, \ldots)$$

$$x_2^{k+1} = f_2(x_1^k, x_3^k, x_4^k, \ldots)$$

....

$$x_n^{k+1} = f_n(x_1^k, x_2^k, x_3^k, \ldots)$$

On recommence l'opération et si le *système d'équations* ainsi que les *valeurs initiales* s'y prêtent, on peut espérer une certaine *convergence*.

Bien sûr, ce ne sont que métaphores, mais n'est-ce pas ainsi que les choses se passent lorsqu'on acquiert ce que l'on appelle "une culture" dans un domaine quelconque?

Il existe une autre façon de déterminer une notion, par *transcendance* aurions-nous envie de dire. C'est, semble-t-il, celle que nous avons vécue nous-même et dont la formulation nous a été inspirée par les concepts de nombre transcendant et de filtre, voire d'ultrafiltre.

Précisons notre pensée. Il est bien des façons d'accéder à une notion. L'exploitation classique d'un énoncé compact définitoire est bien connue des mathologiciens, de leurs émules et de leurs précurseurs.

La *technique de la parabole* a également ses lettres de noblesse. Nous l'avons nous-même mise en oeuvre dans notre parabole du *barbacole sirien*.

Cette technique rentre dans le cadre des *définitions par modèle interposé*, ou de façon moins rigoureuse de la définition par métaphore. Ce faisant, elle s'appuie sur la procédure consistant en une recherche de *quatrième proportionnelle* dans une proportion[7)] de type aristotélicien telle que:

$$\frac{a}{b} \approx \frac{c}{x}$$

où a, b et c sont supposés connus, du moins suffisamment connus, et où le terme à définir prend traditionnellement la quatrième place[8)].

En fait, cette démarche est plus complexe que l'ossature qu'on veut bien lui donner. Sans prétendre généraliser, les choses se passent dans notre cas comme suit:

Dans le contexte imaginaire du *barbacole sirien*, contexte apparaissant comme limpide, car résultant d'une sublimation de nos cadres institutionnels, le "gros" *tas de sable* (a) (que tout le monde connaît pour l'avoir vu) est à l'*échantillon pédagogique le plus économique* (b) (notion familière à tout un chacun, présentant un certain caractère d'actualité), ce que, dans une situation très générale de recherche ou de transmission d'un savoir ou d'un savoir-faire (situation dont on ne connaît, en fait, que des occurrences particulières et dont on s'imagine connaître la notion) une *certaine notion très vague de système* (c), que l'on croit connaître, est à la *notion(x) = microsystème*, que l'on est censé suggérer.

Aussi paradoxal que cela puisse paraître, cette tactique qui du point de vue rationnel paraît on ne peut plus alambiquée, se révèle payante à l'usage.

Notons que pour mieux actualiser les imaginaires, nous nous sommes appliqué à introduire des détails pittoresques, voire cocasses, que nous appelons "lubrifiants didactiques" et qu'en termes plus sérieux on nomme "incentifs", c'est-à-dire facteurs potentiels de motivation.

D'une façon générale, il semble que pour faire passer un savoir ou un savoir-faire Σ il soit rentable d'ajouter une autre *information* Ꭹ *stérile* tout comme dans l'anecdote sur l'élevage des animaux de laboratoire, que l'on ne peut nourrir avec une *quintessence* constituée de calories et de vitamines. Pour éviter la constipation, il importe d'y adjoindre du papier filtre.

Le "passage" et le "non-passage" du savoir ou du savoir-faire peuvent être figurés à la limite par le symbolisme très naïf suivant, respectivement les formules images:

$$\Sigma \cup \beth \longrightarrow \Sigma \; ; \quad \Sigma \cup \emptyset \longrightarrow \emptyset$$

insistant sur le fait que sans l'information stérile $\beth$, et qui dans le bilan définitif doit être évacuée (oubliée), le message Σ ne passe pas.

Ceci nous amène à dire quelques mots sur les *illusions de l'efficacité des définitions compactes.*

Rien que le mot, peut-être trop connoté, de "microsystème" est facteur d'*incompréhension* (peut-être serait-il plus juste de créer le néologisme "dyscompréhension"), comme nous le montrent les remarques recueillies à ce propos. Une fois le terme microsystème prononcé, les auditeurs n'écoutent plus que d'une oreille distraite[9] l'énoncé définitoire et escamotent des facteurs essentiels comme "suffisamment". Le microsystème devient un "petit système", ce qui, du point de vue de notre étude, constitue une "naïveté"[10]. Sans doute eût-il été plus judicieux, comme le suggère le mathématicien Lebesgue dans des conditions similaires, de l'appeler "tarababoum" ou "tralala"; cependant, le faux col amidonné universitaire condamne ces facéties.

La donnée de l'énoncé définitoire n'est pas suffisante non plus pour extirper de l'esprit des auditeurs leur propre notion, c'est-à-dire celle qu'ils se sont fabriquée par "transcendance", comme nous le verrons ci-dessous.

Il s'ensuit deux tactiques didactiques:

1) *Commencer* par donner l'énoncé compact, tactique très à l'honneur dans la communauté mathologique, et, après avoir tiré les conséquences abstraites de l'énoncé compact, à titre de justification presque superfétatoire et condescendante, compléter par quelques exemples ad hoc.

2) *Faire attendre* (ce qui irrite certains) l'énoncé compact - ce dernier venant comme une manière de *couronnement* d'énoncés chargés d'information parasite.

Les deux méthodes extrêmes présentent chacune leurs difficultés. Un compromis sagace s'impose, avec un choix de l'information parasite fonction du public concerné.

P r o c é d u r e   t r a n s c e n d a n t a l e

Bien souvent on accède à une notion par l'usage que l'on en voit faire. C'est notamment le cas de la notion de microsystème. Tout le monde depuis toujours fait usage des microsystèmes, sans cependant catégoriser cet usage, et sans avoir d'étiquette à coller dessus. Il ne s'agit donc pas à proprement parler d'"apprendre" une notion nouvelle, mais de *reconnaître* dans l'énoncé définitoire, ou dans la parabole, quelque chose que l'on connaissait déjà. Il s'opère, disons, une manière de *consécration officielle* d'un *savoir latent*.

Pour nous placer dans le fief de la linguistique, ne portons notre attention que sur l'*usage discursif* de la notion, ou mieux: *traduisons en discours* les usages que l'on est amené à en faire.

Ainsi, en malmenant quelque peu la réalité, donc en suivant l'exemple de tout un chacun, imaginons une famille *indéfinie* d'énoncés répondant aux quatre conditions suivantes:

1/ aucun énoncé n'est *vide de sens* pour la personne concernée;
2/ si un énoncé fait partie de la famille, tout énoncé qui traite d'un *sujet comparable* fait également partie de la famille;
3/ les énoncés obtenus par *syncrétisme* ou par *synthèse* à partir de deux énoncés de la famille font également partie de la famille;
4/ un énoncé qui n'a *rien à voir* avec le sujet traité n'est pas pris en considération.

Dans ces conditions, nous dirons que la famille indéfinie ainsi constituée est susceptible de déterminer une notion.

Comme cette notion n'est pas désignée nécessairement de façon explicite par une formulation appropriée, dans les divers énoncés de la famille, nous sortons en quelque sorte de la famille; il y a *transcendance*.

Notons en passant que nous avons soigneusement évité les termes: infini, inclusion, réunion, intersection, information, complémentation, négation, techniquement très connotés et dont la puissance métaphorique nous entraînerait dans de trop longues digressions.

Ainsi, les questions telles que: "la notion *existe-t-elle avant sa détermination langagière*, la notion préexiste-t-elle dans un *univers platonicien?* ne nous concernent pas. Seule la *procédure constructive* relève de notre propos. Nous évitons de nous engager sur le fait de savoir si nous l'*inventons* ou si nous la *découvrons*.

Soulignons que dans la condition (4), nous n'avons pas fait usage de la négation, mais plutôt du *symbole culiolien* ω de rupture. Il s'ensuit que la formulation (p, p') que lui donne Culioli est ici parfaitement recevable.

Nous avons fait allusion, ci-dessus, au fait que cette façon de présenter la genèse d'une notion est issue de notre propre vécu. Expliquons-nous.

Au cours de notre existence nous avons eu affaire à des problèmes multiples et variés, à la portée de notre modeste compétence, soit en tant qu'apprenant, soit en tant qu'enseignant. Par domaines variés, nous voulons dire que nous avons abordé des disciplines aussi disparates que les mathématiques, la physique, la chimie, la musique, la géologie, la littérature, la gymnastique ... Sans entrer dans les détails, disons que la fabrication d'un exercice didactique, l'analyse d'une phrase musicale, la mise au point d'un mouvement de gymnastique ... avaient pour nous quelque chose de commun, et ce dénominateur commun s'est révélé être la notion de microsystème dont nous avons pris conscience au cours de l'élaboration de notre thèse.

Résumons-nous

Partant de l'opposition manichéenne: globalisme et localisme fanatiques, nous avons observé la représentation extensionnelle du pavage d'un référentiel, symbolisant l'entièreté des faits dignes de retenir notre attention, à l'aide de microsystèmes. Ensuite, nous nous sommes penché sur la notion même de microsystème, en usant de deux procédures définitoires: l'énoncé compact minimum et la parabole modélisante. La genèse de cette notion a été envisagée de deux points de vue complémentaires:

d'une part la procédure itérative par approximations successives permettant de faire face à la circularité fondamentale; d'autre part, le passage à une limite transcendante, ce qui met en évidence l'originalité possible d'une notion nouvelle et par conséquent fait place à la créativité, en dépassant la combinatoire finie.

Chemin faisant, nous avons dit quelques mots sur la vertu dialectique des "microsystèmes repoussoirs" rentrant pour une part dans le principe de négativité bachelardien; nous avons évoqué la chaîne didactique dynamique de ces repoussoirs, les algorithmes dont les instructions ne sont pas élémentaires, ainsi que les microsystèmes de microsystèmes.

Dans "les vices de l'image" nous poursuivrons notre étude des repoussoirs à l'occasion du "pavage".

Les vices de l'image

On a beaucoup reproché aux diagrammes euler-venniens, les fameuses patates des lampistes de la théorie des ensembles, d'imprimer des idées fausses dans la cire vierge des petits apprenants, oubliant que faute d'idées fausses, nos petits apprenants n'en auraient peut-être pas eues du tout. C'est là un problème. Les *microsystèmes "repoussoirs"* constituent une solution qui vaut ce qu'elle vaut.

Rappelons à ce propos les mésaventures de la *Stammbaumtheorie*. La genèse de langues ne se réduit pas à une filiation arborescente. Bien au contraire, tout linguiste bien pensant estime de son devoir d'en faire une critique serrée.

Alors, pourquoi enseigne-t-il cette théorie fausse? est-ce uniquement pour avoir le plaisir malsain de la stigmatiser?

D'ailleurs, en général, il ne l'enseigne pas dans son entièreté; il se contente d'en présenter une partie plus ou moins buissonnante, autrement dit, il fait usage d'un microsystème représentatif.

En ce qui nous concerne, nous sommes persuadé que l'*acquisition d'un savoir* s'opère par la *réfutation d'un savoir antérieur.*

La vraie question est celle du *choix* de ce *savoir préalable.*

Il se trouve que la réfutation d'une filiation arborescente est une façon efficace d'aborder le phénomène complexe de l'évolution des langues dans le temps.

Tel est également notre point de vue sur le pavage du référentiel présenté ci-dessus. Il fallait commencer par là.

La *métaphore du référentiel mal pavé* n'est jamais qu'une métaphore issue du transfert, à la réalité linguistique, de la réalité des choses visibles et palpables de notre univers quotidien.

Un microsystème n'est pas obligatoirement une petite partie d'un tout, partie aux contours cernables par une frontière linéaire. Tout comme l'hélium dans l'air, le microsystème peut se répandre dans l'entièreté de l'espace. La notion d'intérieur n'aura que le sens qu'on voudra bien lui donner.

L'approche *extensionnelle* par *géométrisation figurative* constitue une technique de *modélisation-métaphorisation* (nous avons de la peine à séparer ces deux termes) qui s'impose dans un grand nombre de situations métalinguistiques comme une *étape* nécessaire par suite de son indéniable puissance d'*évocation figurative*. Ceux-là-mêmes qui pensent pouvoir la contourner en sont bien souvent imprégnés et ne font que traduire en termes critiques une réalité sensible qu'ils visent intensément en leur for intérieur. Le problème n'est pas d'*évacuer* ce qui ne peut être évacué, mais de se donner des *règles de conduite formelle* destinées à contrôler le couple antagoniste logique-intuition.

Précisons ici ce que nous entendons par *notion* et *concept*. Pour nous, le concept est un *instrument de pensée* qui permet la *déduction logique* ou apparentée, ce qui n'est pas le cas de la notion. Ainsi le concept de parallélogramme de la géométrie élémentaire permet d'affirmer qu'un rectangle est un parallélogramme qui admet au moins un angle droit, ce qu'interdit l'usage langagier de la notion. Ainsi, pourra-t-on entendre: "ton parallélogramme, c'est pas un vrai, il a l'air d'un rectangle" ou bien "les côtés de ton parallélogramme, ils sont tout malfoutus", ou encore "je dessine un parallélogramme sur un oeuf", etc. Ces emplois n'autorisent pas la démonstration, mais seulement l'évocation par analogie. Ils rentrent donc dans le cadre de la *notion de parallélogramme*, qui les regroupe autour d'un *attracteur*, selon la terminologie de Culioli. Nous pensons que chaque concept comporte un *"halo" notionnel*, dont il constitue un point de condensation logique à l'intérieur d'une discipline donnée. Ce halo joue un rôle capital dans le phénomène complexe de compréhension, dans la créativité heuristique, etc. Nous ne précisons pas davantage pour l'instant.

C'est en ce sens que nous avons dit, ci-dessus, que la *notion de microsystème* constituait un *générateur-catalyseur de concepts*. Générateur parce que créateur; catalyseur, parce que devant être éliminé après avoir joué son rôle, bien qu'indispensable dans le processus de la genèse.

La propriété d'un microsystème d'être *représentatif* d'une *macro-réalité*, dont il peut n'être qu'une infime parcelle, semble devoir s'exprimer en termes a-logiques et paradoxaux d'*ubiquité*: "être à la fois ici et ailleurs" que, par un tour de passe-passe discursif approprié on tente de présenter en termes logiques de non-ubiquité. Or, n'est-ce pas une vertu majeure d'un exemple que d'être autre chose que lui-même? Un microsystème est, dans certains des emplois de cette notion, une partie propre d'un système, où il se trouve *immergé*, mais que par ailleurs il contient. Cependant, présentée de cette façon, notre notion semble une provocation intolérable à la logique du quasi-objet, et échappe à ce qu'on entend intuitivement par raisonnement logique.

C'est pourquoi, l'*image du pavage* n'est jamais qu'un *microsystème repoussoir*, intéressant parce qu'accessible à notre intuition géométrique.

Ci-dessus, nous avons avoué notre difficulté à séparer une *métaphore longuement filée* d'un *modèle* à domaine d'application *mal circonscrit*. Le clivage semble s'opérer au niveau des *techniques opératoires* mises en oeuvre. Si, dans le cas de la métaphore, ces techniques ne sont pas précisées, la rigueur du modèle exige leur *contrôle explicite*.

Le modèle est "transparent", selon le mot de Thom. Peut-on parler de la transparence d'une métaphore?

Toutefois, c'est là une façon métaphorique de s'exprimer, il faut bien en convenir, qui sous-tend un langage technique en palliant son hermétisme.

Dans le modèle topologique de Culioli-Desclés, la structure d'une notion apparaît comme un couple de *deux ouverts adjacents* -la frontière commune étant en quelque sorte mise entre parenthèses- ce qui donne une grande souplesse pour le passage de l'affirmation à la négation. Le domaine ainsi constitué est doté d'un *gradient* qui permet de parler de degré et d'effectuer des comparaisons.

La *représentation sensible* en est un schéma de type euler-vennien plan, constitué de deux patatoïdes, l'une étant dessinée à l'intérieur de l'autre. De plus la métaphore d'*attracteur* permet de concevoir un gradient, d'où la *puissance didactique* du modèle, assis néanmoins sur des bases mathologiques sérieuses.

Notons que la figuration sensible aurait pu, sans inconvénient semble-t-il, s'inspirer du schéma de Carroll[11)].

Cette figuration de la notion paraît tout à fait bienvenue en ce qui concerne la notion de microsystème. La non-fermeture des domaines traduit fort bien le fait qu'il est difficile de préciser de façon péremptoire quand un microsystème cesse d'être un microsystème -fait que dans notre parabole nous avons mis en évidence par le paradoxe du tas de sable.

Il est clair qu'une *figuration plane* impose des *limitations* qui ne relèvent pas nécessairement de l'original à simuler, limitations qui ne ressortissent pas de la définition générale topologique. En imaginant une *représentation spatiale*, on conçoit que la *surface close* figurant la frontière, absente, admette une dimension de moins que les domaines adjacents. Or, dans l'espace, une surface close ne partage pas nécessairement un domaine en deux régions. Si par *négation* on conçoit la *traversée de la frontière*, ici, la traversée de la *surface à un seul côté* ne fait pas changer de domaine. On peut donc concevoir des notions telles que la négation ne fasse pas "globalement" changer de région. Et c'est bien le cas, semble-t-il, des notions telles que la "politique" dans la mesure où l'on accepte de dire que, en gros, ne pas faire de la politique, c'est encore faire de la politique, bien que "localement" ne pas faire de la politique, c'est bien faire autre chose.

Peut-on dire qu'un non-microsystème devient un microsystème si l'on change le point de vue? Une telle affirmation n'est pas exclue; pour l'instant, nous ne saurions en dire davantage.

Pour mieux faire saisir la portée de notre question, rappelons le phénomène physique du passage d'une phase à l'autre, par exemple de la phase liquide à la phase gazeuse. Tant que l'on opère au-dessous du point critique, il existe un certain équilibre entre ces deux phases, la courbe des pressions maxima de la vapeur des divers corps aux diverses températures et pressions établit une frontière entre les domaines. Au delà du point critique, il n'existe plus de discontinuité entre les deux phases.

Ce phénomène nous fait penser que la frontière entre l'affirmation et la négation dans le cas d'une notion pourrait ne pas se réduire à une simple *courbe de Jordan*.

Une autre question que nous nous posons au sujet de ce modèle est sa signification en tant qu'*ensemble*. Un ouvert est un ensemble, mais un *ensemble de quoi?* a-t-on aussitôt envie de se demander. A moins d'emboucher la trompette catégorielle et d'y évacuer le problème d'*appartenance*, on aimerait bien mettre des étiquettes sur les points des domaines.

Une réponse vient à l'esprit, nous ne savons pas si c'est la bonne: les points représentent les diverses occurrences de la notion envisagée.

Et le modeste praticien que nous sommes de se poser les questions sur le bien-fondé de l'*élémentarité ensembliste* pour cette sorte d'objets.

Quelles sont les *techniques concrètes* nous permettant *de distinguer* un objet d'un autre objet (hypothèse sur la *différenciation*)?

Quelles sont les techniques concrètes nous permettant d'assurer qu'on a affaire à *un* plutôt qu'à *deux* objets (hypothèse sur l'*unicité*. Pour le mathématicien, ces deux questions n'en font qu'une, mais pas pour le modeste praticien)?

Quelles sont les techniques concrètes qui décident si un objet *fait* ou *ne fait pas* partie d'un ouvert?

Quelles techniques concrètes nous précisent si nous avons affaire à un *élément* ou à une *partie* d'un ouvert?

En l'absence de techniques précises, force est de constater que les *ensembles théoriques* se doublent de *flous existentiels*[12].

Eclatement de la notion

Nombreux sont les problèmes que pose le modèle de Culioli-Desclés. Signalons-en encore un. La *diachronie* est toujours présente dans la *synchronie*, puisque celle-ci n'est jamais qu'une tranche à l'intérieur d'une *différentielle-temps* suffisamment petite pour que les phénomènes apparaissent comme constants avec une approximation tolérable. Cependant, tout comme en mécanique, des *concepts tangentiels* (vitesse, accélération) doivent pouvoir préciser la marge des possibles.

Une notion dont on se sert a tendance à éclater en plusieurs notions. Nous en avons parlé dans notre thèse à l'occasion de l'éclatement de la notion de sens[13], et également, à propos de l'éclatement de celle du triangle, doublée de celle de l'éclatement de celle du concept triangle.

L'éclatement des notions qui rentrent dans l'énoncé définitoire de la notion de microsystème laissent prévoir celui du microsystème lui-même.

L'omission de certains facteurs essentiels, comme "suffisamment" dans suffisamment petit, ramène la notion de microsystème à celle de "système petit", comme il est envisagé généralement dans la littérature linguistique.

L'omission de l'épithète "finalisé" lui enlève son caractère mixte de *notion objective-subjective*, qui également en constitue un attribut fondamental, l'opposant aux systèmes placés sous le signe de l'objectivité.

Une des fissions importantes nous a été suggérée par le travail de Raymond Boudon "A quoi sert la notion de structure" (1968, Paris) où il dissocie l'actuel du potentiel. En ce qui nous concerne, il importe de distinguer l'hypothèse rationaliste qui pose le postulat d'existence d'un microsystème -et qui, éventuellement, propose quelques jalons pour son élaboration- du microsystème effectivement construit par le linguiste. Cette opposition peut s'exprimer en termes d'"énigmatique original" que l'on suppose doué d'une certaine organisation et soumissible à notre raison par la médiation d'un modèle.

Bien souvent, au cours d'un discours, on ne sait pas trop de quoi on parle. Est-ce du microsystème en puissance, dont on ne sait pas trop ce qu'il est, ou d'un microsystème effectif, actualisé, apparenté au modèle?

Cette distinction n'est pas sans importance lorsqu'on disserte des microsystèmes intermédiaires des apprenants.

Certains *éclatements* sont *essentiels*, tout comme la distinction de deux astres qui se trouvent situés sur la même ligne de visée bien que très éloignés l'un de l'autre; d'autres sont liés au *pouvoir séparateur* de nos instruments, comme les deux raies jaunes dans le spectre du sodium, et sont tributaires du degré de précision accepté.

Comment décrire au moyen du modèle du couple de flous adjacents la fission toujours possible de la notion? Serait-ce en prévoyant une manière de *mitose* avec dédoublement du point d'accumulation attracteur?

Le phénomène inverse est également concevable. Plusieurs notions peuvent fusionner en une seule.

L'énigmatique apprenant

Essayons de mettre en oeuvre la notion de *modèle*, telle qu'elle a été précisée par René Thom à l'occasion de la transmission d'un savoir ou d'un savoir-faire, autrement dit, dans le domaine de la didactique.

L'*énigmatique original* est, pour l'observateur extérieur, le lieu de rencontre de *deux flux discursifs*, entre autres, flux écrit ou oral, peu importe.

Un premier *flux, incident*, lui fournit une certaine information, dans l'acception parfaitement vague de cette notion. Ce sont, bien sûr, les doctes paroles de ses bons maîtres, de ses manuels, de quidams de tout aloi, de tout ce qui s'imprime et tombe sous son regard, etc.

Que devient ce flux discursif à l'intérieur de notre *boîte noire*, nous n'en savons trop rien.

Un deuxième *flux, émergent* est constitué par tout ce que notre boîte noire dit ou écrit (elle ne se contente pas de cela, d'ailleurs, elle peut gesticuler, par exemple). Ce flux émergent est loin d'être *homogène*. Il comporte notamment des questions, des réponses; il s'applique à réaliser les fonctions jakobsoniennes. Le flux émergent peut être plus ou moins diversifié, plus ou moins conforme à *certaines normes*, faire plaisir à ses bons maîtres ou, au contraire, les exaspérer, etc.

Toujours est-il que ces derniers, lorsqu'ils ont droit à la parole, souhaitent pouvoir *modifier la nature du flux émergent* en agissant sur le flux incident. Il s'ensuit le *circuit cybernétique* bien connu, sur lequel le regretté Louis Gouffignal avait attiré l'attention.

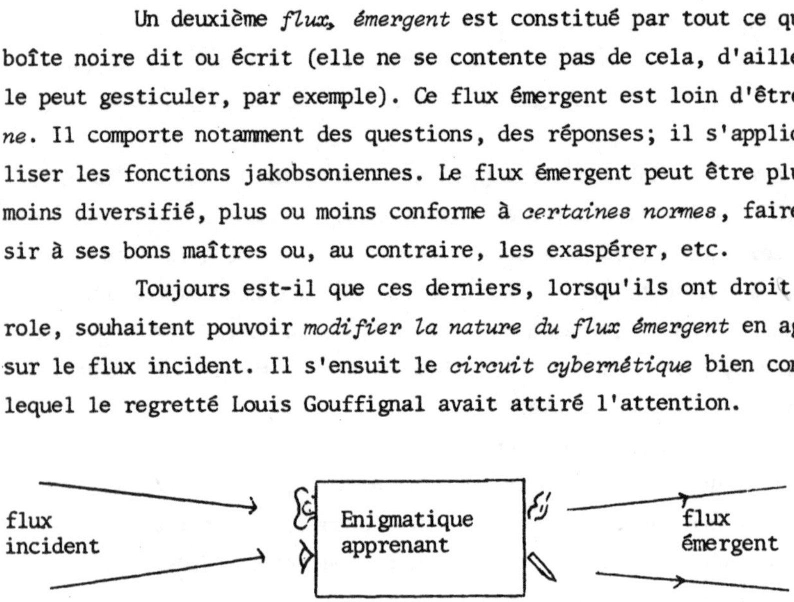

En d'autres termes, l'énigmatique apprenant, *vu de l'extérieur*, se comporte comme un *système dynamique* des biologistes, qui se nourrit et excrète. Cette image pour behavioriste et démodée qu'elle soit n'en constitue pas moins une certaine modélisation dont se servent couramment ceux-là mêmes qui la stigmatisent. Rappelons à ce propos qu'un modèle n'est jamais l'original, ce qu'on oublie tout naturellement lorsqu'il s'agit du modèle d'autrui.

L'énigmatique apprenant varie au cours du temps. Il n'est pas le même au début et à la fin de sa carrière. Il passe d'un état, qu'on peut appeler initial, à un état final, en traversant une série d'états "instantanés". Si, pour la commodité de la théorie, on admet que ces états sont susceptibles d'être décrits à l'aide d'un nombre fini, voire infini de paramètres, ce processus pourra être figuré comme le déplacement d'un point dans un quelconque espace fonctionnel que, pour la commodité du dessin, nous projetons dans le plan de la feuille de papier.

Cette figuration nous servira de "repoussoir" pour battre notre couple et se gausser de la naïveté de ceux qui l'on imaginée.

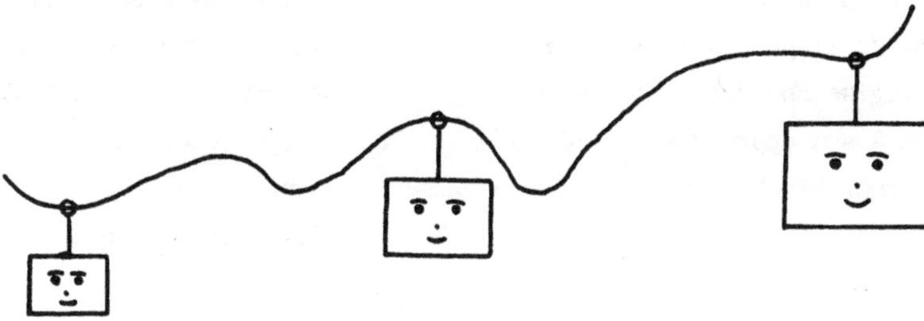

Etat initial — Etat instantané — Etat final (gavé d'information)

Bien entendu, en filant la métaphore du funiculaire, tous les apprenants *ne suivent pas la même trajectoire*. A priori, plusieurs trajectoires plus ou moins tortueuses peuvent mener de l'état initial à l'état final et en chemin on peut rencontrer des états instantanés plus ou moins stables.

La *vocation du bon pédagogue* (c'est-à-dire en termes dupreyens, du pédagogue conforme à l'idée que toi et moi nous nous faisons du pédagogue) c'est de proposer à l'apprenant une trajectoire didactique qui soit une *géodésique* dans l'hyper-espace fonctionnel considéré, la science didactique ayant précisément pour objet l'étude scientifique de telles trajectoires.

Dans la littérature didactique moderne, ces choses sont dites d'une autre façon. On parle de l'apprenant qui, pour fixer les idées, part de sa langue maternelle pour aboutir à la connaissance d'une *langue seconde*, en naviguant dans l'*interlangue*.

Notons, en passant, qu'il est souhaitable que les *états intermédiaires stables* répondent à des *objectifs utilitaires* déterminés[14].

Il est grand temps de faire intervenir nos microsystèmes. Le pédagogue est amené à faire des hypothèses sur l'"intérieur" des boîtes noires, notamment en ce qui concerne les connaissances linguistiques.

Compte tenu des productions de l'apprenant, il les *bourre de microsystèmes*, le système global relevant de l'utopie. Certes, ces microsystèmes sont plus ou moins inadéquats et ne coïncident pas avec les microsystèmes de l'apprenant lui-même, ni avec les microsystèmes que l'enseignant imagine pour franchir les divers stades de connaissance de la langue seconde à son apprenant. La *rétroaction du pédagogue* consiste chaque fois à chercher à substituer aux microsystèmes intermédiaires hypothétiques coupables, des microsystèmes intermédiaires didactiques afin de rectifier localement la trajectoire.

Illustrons ces propos par un microsystème didactiquement naïf (prédégénérescent). Imaginons que notre apprenant ait commis les productions que voici:

"je *bouille* d'impatience"

"l'oeuf *bouillissait*"

Le maître sait qu'il a rencontré les formes:

"Il faut faire *bouillir* l'eau avant de la boire"

"Je *cueille* des fleurs pour Marie"

"Jean *finissait* son travail à 8 heures"

On peut faire l'hypothèse qu'il s'est constitué le microsystème lacunaire:

bouill < ir / e / issait

Le maître, lui, a appris dans sa grammaire les microsystèmes:

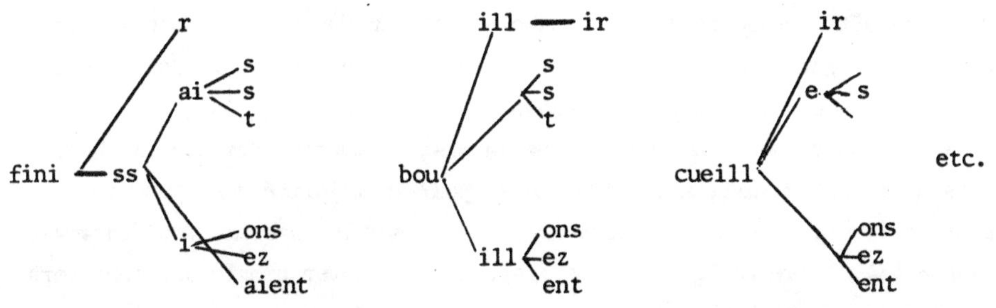

Le maître, par *voie métalinguistique* ou par des *situations discursives* appropriées tentera d'inculquer à son élève les *paradigmes classiques*. Au fur et à mesure, par des interpolations raisonnables, l'élève essayera d'adapter son paradigme, qui devient de moins en moins lacunaire.
Pour ce faire, il mettra en oeuvre la technique de la *quatrième proportionnelle:*

$$\frac{\text{cueill - ir}}{\text{cueill - e}} \approx \frac{\text{bouill - ir}}{?}$$

C'est la *cellule élémentaire structurelle*, la plus réduite, intervenant dans une *commutation*[15)].

Toutefois ce n'est pas *la seule hypothèse possible*. Le parler des étudiants étant ce qu'il est, le nôtre a fort bien pu entendre le stéréotype: "tu me casses les c...." le transfert du savoir est biaisé. Mais ceci nous entraînerait trop loin.

Construire une théorie, c'est une chose, *transmettre le savoir* et le *savoir-faire* qui lui sont associés en est une autre.

Le phénomène complexe de la *compréhension*, de l'*incompréhension* et de la *dyscompréhension* posent au pédagogue des problèmes spécifiques.

Par ailleurs, la matière même enseignée peut n'avoir qu'une importance seconde. C'est la *formation de l'esprit* qui importe. Ainsi, on peut se demander si l'enseignement de la linguistique a pour fin de mettre sur le marché du travail un stock de linguistes répondant aux besoins économiques du pays. Selon que la réponse est positive ou négative, l'enseignement de cette discipline ne devra pas être le même.

Trop souvent l'enseignement part de l'*hypothèse* rarement vérifiée:

"qui connaît la théorie en sait faire usage". On "parachute" donc sur les apprenants leur bolée quotidienne de théorie toute faite, prémastiquée et prédigérée. A eux d'en faire bon usage.

Notre point de vue est que la mise au courant des acquis théoriques n'est qu'un auxiliaire didactique, pour la majorité des apprenants, pour *apprendre à penser de façon rationnelle* sur le *matériau immédiatement disponible*, à savoir les faits de langue, et s'élever progressivement vers les systèmes linguistiques et les phénomènes du langage en général.

Loin de négliger la *surface*, au sens linguistique de ce terme, celle-ci doit constituer un point de départ d'activité réflexive et un point d'aboutissement.

Vont donc de pair une recherche dirigée, parfois sciemment naïve, et une mise au courant des faits qui ne sont pas directement accessibles ainsi que la prise en marche du train théorique.

Notre *outil didactique* sera le microsystème. Donnons-nous un exemple.

Le treillis des réduites

Tout microsystème didactique comporte un certain *programme* (finalité). Ce programme est mixte. D'une part il comprend une composante proprement linguistique: prise de conscience d'un phénomène linguistique, *critique du modèle* proposé par les *pionners*, modèle qui répondait à une certaine intuition des locuteurs. D'autre part, mise à la disposition des apprenants de *cadres formels* élaborés par des mathologiciens, sans les *estourbir* par la *technique de raisonnement*, fondamentale pour les professionnels de la mathologique.

L'enseignement des cadres formels est, par la force des choses, confié aux *spécialistes* de ces matières qui, du fait de leur goût, voire de leur aptitude pour ces matières, n'ont qu'une piètre idée des difficultés rencontrées par leurs patients. Comme pour nombre de corps sociaux, ils ont tendance à vouloir *se reproduire* ou, désespérés de jamais parvenir à inculquer la vraie mathologique, ils proposent de la mathologique au *rabais*. Attitude tout aussi pernicieuse.

Ainsi la notion de treillis pourra être pressentie par le souci de classer les réduites d'une phrase donnée, choisie de façon convenable. La *technique de classement* une fois acquise, un matériau linguistique approprié fera apparaître le premier microsystème comme un *repoussoir* destiné à servir d'introduction à une réalité autrement plus complexe.

Soit l'énonçable:
"Le toutou de la soeur d'Adrienne s'est oublié sur le tapis du grand salon". Le sens en paraît clair et le manipulateur se rend vite compte qu'il ne peut effacer n'importe comment les divers constituants tout en conservant le caractère d'énonçabilité. Sans doute ce caractère est-il délicat à préciser sans une formation linguistique plus poussée; on peut toutefois dégrossir la situation en fixant un ordre partiel d'effacement.

Par convention assez naturelle on peut convenir que la partie "le toutou s'est oublié" constitue la réduite minimum. On adoptera une sténo pour les blocs effaçables.

1 = de la soeur   4 = du salon
2 = d'Adrienne   5 = grand
3 = sur le tapis

Moyennant quoi on obtient le treillis des réduites:

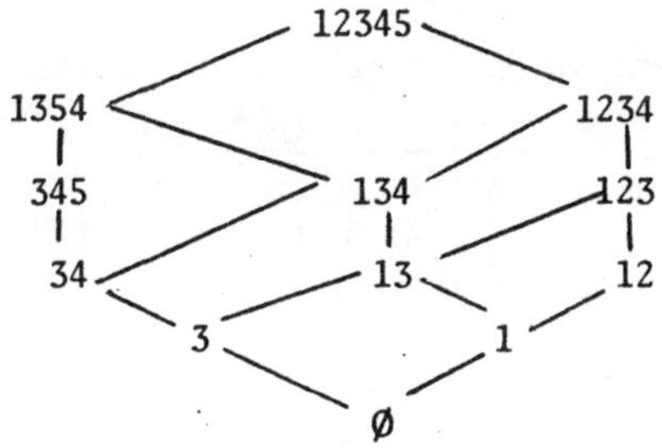

Après quoi il est aisé de fournir des énonçables où cette technique manipulatoire ne marche pas du tout.

Certes, peut-on dire, cette linguistique vole bas. Cependant mon objet n'est pas d'apporter une linguistique à l'ordre du jour, mais d'exposer une procédure qui, pour être efficace, doit être capable de voler à ras de terre.

"Q u i e s t s o t t e ?" (directement ou indirectement)

Pour rendre conscients de l'opportunité d'introduire des *repères situationnels* afin de rendre compte du fonctionnement des *indices personnels*, sans larguer dès l'abord une théorie élaborée, il est commode d'introduire des microsystèmes, comme par exemple:

Occupent la scène: Anémone et Bergamote; Clémentine se trouve dans les coulisses. Anémone, en s'adressant à Bergamote déclame:

Je dis que tu es sotte. *Je dis: "tu es sotte".*

Faire varier les indices personnels: *je, tu, elle.*

La situation, au départ, peut être figurée par le réseau:

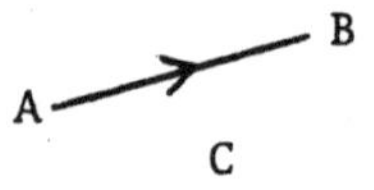

L'*ancrage* se fait sans peine tant qu'on a affaire à du discours indirect:

je = A
tu = B
elle = C

	A	B	C
A	A	B	C
B	A	B	C
C	A	B	C

La *loi de composition* est évidente.

Dans le discours direct, les choses se compliquent. Le déplacement du repère peut être figuré par des traits de couleur, et l'on est conduit à plusieurs cas de figure.

	A	B	C
A	A	B	C
B	B	A/C	C/A
C	C	B/A/C	A/B/C

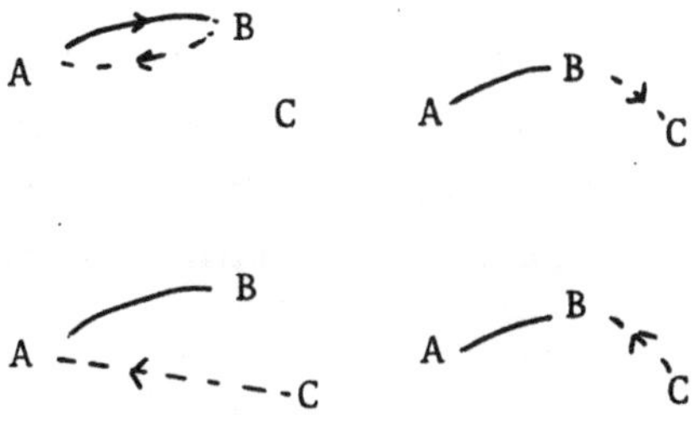

Ce microsytème pourra être ensuite *immergé* dans un système à plus de trois acteurs. On essayera d'analyser les ancrages possibles pour des déclarations plus complexes comme: "Tu m'as annoncé froidement qu'elle a eu le toupet de crier sur les toits que j'aurais prétendu que tu l'aimes. Tu es odieuse. Je ne t'aime plus, c'est fini pour toujours. Je déteste les menteuses."

Conclusion: les faux problèmes sont de vrais problèmes

Nous avons parlé de la vanité du binarisme manichéen: globalisme/localisme. Nous avons souligné un certain relativisme de l'approche scientifique, à savoir qu'il est difficile de séparer techniques scientifiques et finalités. En particulier, dans l'enseignement, une approche trop directe peut éliminer la compréhension.

Ce faisant, nous avons abordé de nombreuses questions dont: la genèse des notions, le rôle des métaphores et des modèles, celui des incentifs, de la figuration géométrique, des microsystèmes ...

Nous n'avons pas parlé de la transgression des règles.

Nous avons laissé de côté de nombreuses applications des microsystèmes telles qu'on les observe en linguistique.

Nous n'avons soufflé mot du caractère fractal des notions lorsqu'on cherche à les fouiller avec des instruments conceptuels de plus en plus exigeants, mais il faut bien en laisser un peu pour une prochaine fois.

> Quand le jeu ne valait pas la chandelle, j'ai sacrifié jusqu'à la rigueur des démonstrations. Je veux être lisible, comme dit l'autre, il est mauvais d'être parfaitement ennuyeux.
>
> Henri Bouasse. Cours de mécanique rationnelle et expérimentale, 1910, p. 3.

Notes

1) La description de l'emploi des numéraux, notamment des numéraux personnels et des numéraux collectifs (dvoe, troe...) en russe par I.A. Mel'čuk en constitue une illustration.

2) Nous distinguons le "flou essentiel" du "flou existentiel". Si le premier donne lieu à un engagement théorique, justifié ou non, le second n'est qu'un constat, peut-être provisoire, de l'insuffisance de nos moyens actuels. Il s'apparente donc au "calcul d'erreurs" des physiciens.

3) Traduction approximative: froid, "froid-âtre", très froid, affreusement froid, incroyablement froid, tiède, "tièd-âtre", seulement tiède, chaud, très chaud.

4) Qu'on le veuille ou non, on reste tributaire des notions et des concepts secrétés par la civilisation où l'on baigne. La géométrisation métaphorique au moyen d'un axe porteur de points est ancrée en tout un chacun, qu'il l'avoue ou qu'il s'en défende. C'est le modèle-métaphore qui apparaît comme le plus simple quelle que soit la complexité théorique du concept afférent, ou plutôt, les concepts afférents (nous pensons à la droite euclidienne, la droite projective, la droite anallagmatique, etc.) Rappelons à ce propos la remarque de Henri Poincaré sur les gestes révélateurs et inconscients des théoriciens en train d'exposer des abstractions. Disons qu'ils parlent de structure abstraite d'ordre total, mais gardent présent à l'esprit la droite physique qui leur sert de "microsystème repoussoir".

5) Plus précisément, deux termes de la pseudo-échelle suffisamment éloignés sont hiérarchisables, deux termes plus voisins sont ou non comparables, ou peuvent être intervertis en fonction du contexte, voire parfois confondus, d'où les quatre caractéristiques "-ordre", "partiel", "flou", "pré-".

6) En effet *tëplyj* possède un statut ambigu sur la pseudo-échelle des valeurs. D'une part, il s'oppose à *gorjačij* (chaud, très chaud) d'autre part à *xolodnyj* (froid, pas assez chaud), de sorte que *očen'* (très) semble malvenu. Quant à *gorjačij*, il semble orienté vers très chaud et l'approximation par défaut paraît en contradiction avec cette orientation.
La suffixation russe "adjectif adjectif" $\genfrac{}{}{0pt}{}{-o}{-e}\!>$ *vat-(yj)* est sinon automatique du moins potentielle pour une large catégorie d'adjectifs susceptibles de variation "plus-moins". Elle ajoute une nuance d'approximation par défaut. Encore faut-il préciser ce qu'on entend par en-

deçà et au delà. Elle fait penser au suffixe français, -âtre, avec la connotation péjorative en moins et un usage plus libre, de sorte qu'une impossibilité d'emploi pose problème.

7) Par *proportion langagière* nous entendons des séquences discursives comme "Enfin, bon, *le russe*, je m'en suis aperçu, *est aux autres langues ce que les échecs sont à la pétanque*. Comment les moujiks arrivent-ils à se dépatouiller?" (Les Russkoffs. Cavanna, 1979, p. 142). Voir notre étude au Colloque d'Analyse syntaxique de l'Université de Metz, 1974).

8) Ce type de genèse ne semble pas recouvrir tous les modes de création d'une notion. Ainsi, le fait de prononcer une seule fois le mot "chewingommie" fait germer dans l'esprit de l'interlocuteur la notion absurde d'un arbre dont les fruits sont des plaquettes de chewing-gum.

9) Comme dans le conte russe "vsë-znajki", où deux petits vieux eurent des problèmes pour rejoindre le paradis, parce que, croyant tout savoir, ils interrompaient sans cesse leur informateur.

10) Rappelons que le point de vue de l'éléphant et du ciron sur la taille de la coccinelle diffèrent radicalement et que, de ce fait, les prédicats "petit" et "grand" manquent pour le moins de l'objectivité requise par la science.

11) Le schéma de Carroll présenterait l'avantage d'éliminer une propriété géométrique stérile en l'occurrence, à savoir que l'un des domaines entoure l'autre. Certes, dans la lecture d'un schéma, on est censé ne porter son attention que sur ses caractéristiques déclarées pertinentes. Les discussions entre linguistes et a fortiori l'enseignement aux débutants montrent que l'interlocuteur cherche à interpréter le maximum d'éléments sensibles. Combien de fois n'entend-on pas l'exclamation: "mais d'après votre schéma on a ..." en s'appuyant sur des éléments non pertinents du dessin. Le pédagogue doit tenir compte du fait qu'un schéma est aussi un dessin qui parle par lui-même hors de toute convention explicite. C'est ce qui explique la carence anti-scientifique de légende dans nombre de schémas présentés dans des monographies, voire même des manuels. L'auteur fait confiance à l'imagination de son lecteur, ce en quoi, bien souvent, il se trompe.

12) En accord avec la note ci-dessus il importe de distinguer le flou essentiel, inscrit dans la théorie même, du flou existentiel qui relève de l'application de cette théorie. Le concept de flou n'est pas ici celui de Zadeh-Kaufmann fondé sur une fonction caractéristique susceptible de prendre diverses valeurs entre 0 et 1, mais celui que nous avons esquissé dans notre thèse de 3ème cycle, puis dans l'article "Les ensembles flous en linguistique" (Bucarest, 1968, C.L.T.A. no 5). Formellement, ce flou rappelle la structure topologique de la notion, puisque, comme cette dernière, il est figuré par deux ensembles, la zone sûre et la zone floue situées dans la zone d'extension maximum.

13) Nous renvoyons le lecteur au § 12111 de notre thèse et rappelons la suite ouverte de parasynonymes: sens, signification, signifié, effet de sens, dénotation et connotation, contenu ... Et pour le triangle:

tripoint, tridroite, trilatère... nombre de notions ne possédant pas de signifiant approprié simple. Par ailleurs, un même signifiant peut sous-tendre une notion ou l'un des nombreux concepts techniques qui lui sont associés.

14) Cf. notre "Esquisse de méthodologie pour un enseignement accéléré du russe, véhicule d'information scientifique. Bilan de 13 ans d'expérience". 1972. Bulletin pédagogique, no 18, I.U.T., Infa, Nancy-Paris. Dans ce qui suit, nous nous sommes beaucoup inspiré des travaux de Bernard Py.

15) Pour souligner le fait qu'une telle façon d'opérer n'a rien de factice, posons cette question: Dans un des textes des conférenciers ici présents, apparaît une fois et une seule la forme verbale "occure" qui ne correspond à aucune entrée dans l'Art de conjuguer des frères Bescherelle. Comment faites-vous pour trouver les autres formes du paradigme? Le Dictionnaire des mots sauvages de Maurice Rheims fournira une quantité d'exemples analogues.

REMARQUES DES PARTICIPANTS

Francis JACQUES

L'hésitation sur le statut de l'image a son écho chez les philosophes. Les Stoïciens recommandaient: "Sois non pas droit, mais redressé". Et pas seulement dans l'ordre éthique. La vérité n'est pas seulement le résultat de mes vérifications, elle est rectification d'une erreur première. Platon dans la Lettre VII fait avancer notre réflexion sur l'image. Elle a sa place dans le cheminement dialectique. Il faut la surmonter pour parvenir à l'essence que saisit intuitivement enfin la pensée noétique. L'image constitue une étape de la dialectique et du mouvement pédagogique, à côté de la considération des exemples, de l'examen des définitions provisoires. Notons cependant que le maître n'évoque pas les images pour le plaisir, mais parce qu'il faut arracher le disciple de sa fascination pour le sensible. C'est lui qui les suscite. Au maître de surmonter les approximations de l'image à l'intérieur d'une paideia largement interdiscursive, non dans une didactique de l'exposé magistral.

Autre écho: chez Descartes l'imagination apparaît comme puissance trompeuse, maîtresse de fausseté. Mais elle est presque indépassable, "parce que nous avons été enfants avant d'être hommes". Indépassable et redoutable: imaginer le polygone à mille côtés n'est pas le concevoir, pas plus qu'imaginer une chute d'eau est concevoir une différence de potentiel électrique.

Un peu plus loin, nous rencontrons l'ambivalence de G. Bachelard pour le rôle des images dans l'histoire de l'esprit scientifique. Même oscillation avec un enjeu nouveau. L'imagination constitue le fond de l'esprit. Elle est première; elle ne cesse de formenter des obstacles à la raison. Chez Bachelard, l'image figure au nombre des obstacles épistémologiques aux côtés de l'idée substantialiste. Penser la chaleur comme un fluide n'aide pas à concevoir les équations de Fournier sur la propagation thermique. Voyez sur ce point la thèse complémentaire de doctorat de Bachelard "La propagation thermique dans les solides". L'auteur ne dirait pas qu'il faut réactiver les obstacles épistémologiques en les suscitant dans l'esprit de l'élève. Il faut les tenir en réserve, oui, pour les dénoncer au moment où ils bloquent la formation de l'esprit scientifique. C'est encore vrai de la géométrisation du donné qui, plus tard, fera obstacle sur le chemin d'une mathématisation vraiment analytique des phénomènes (ibid.). En sorte qu'à mon sens il faut soigneusement distinguer non pas seulement la métaphore gratuite pseudo-illustrante et la métaphore en tant qu'elle est présente aux premiers temps de l'élaboration d'une théorie. Par exemple l'image de la lutte pour la vie ("Struggle for life") dans le Darwinisme. Cette dernière est destinée à régresser et à disparaître au fur et à mesure que les modèles théoriques seront dégagés. Mais il faut encore distinguer entre métaphores de ce type et les vertus analogisantes des modèles géométriques ou énergétiques: l'atome de Bohr est une schématisation directe de la théorie.

Je schématise: il y a sans doute deux types d'imagination. Celle qui est reproductrice des "préconcepts" de la simple perception. Et puis l'imagination véritablement productrice, où je retrouve vos microsystèmes. Cette dernière, il n'est pas exclu à mes yeux que le maître la mette en oeuvre dans sa didactique. Mais il faut bien voir que cette imagination opère à rebours. Elle procède des concepts opératoires de la théorie à leur figuration schématisante au sens kantien du mot. Mais l'image s'appelle alors proprement "schème". i.e. exhibition sous forme de relations spatiales des relations opératoires présentes dans le concept. Cette sorte d'imagination opère comme une géométrisation; elle en a la valeur épistémique mais aussi les limites.

René THOM

On aurait aimé quelques exemples concrets de microsystèmes. Par ailleurs, un microsystème n'est pas une énumération rhapsodique d'éléments: c'est une totalité -un système. Il importait donc de savoir ce qui fait qu'un microsystème est un système: est-il possible de formaliser les facteurs d'intégration et de constituer ainsi une "théorie" des microsystèmes? En particulier, un microsystème n'est-il pas structuré par référence à une structure géométrique?

Je vous signale l'analogie entre votre approche "microsystèmes" et la méthode morphologique de l'astronome Zwicky.

ÉLABORATION D'UN LANGAGE FORMEL POUR LA MORPHOLOGIE

par Igor A. MEL'ČUK, Montréal

Le but de la présente communication est d'esquisser un système de concepts formels que nous aimerions proposer aux linguistes pour le domaine de la morphologie.

Avant tout, nous devons donner les trois thèses suivantes, sous-jacentes à l'exposé qui suit.

1. Nous ne développons aucune théorie; c'est-à-dire, qu'il n'y aura ni postulats, ni règles d'inférence, ni affirmations qu'on peut prouver ou rejeter, ni conclusions tirées, ni hypothèses avancées. Il n'y aura pas non plus de descriptions de faits linguistiques, de nouveaux faits ou de nouvelles interprétations des faits connus. Nous ne faisons que présenter un SYSTEME DE NOMS à donner à des objets et à des phénomènes linguistiques dans le domaine de la morphologie. Ou, autrement dit: nous essayons de construire un système conceptuel pour la morphologie linguistique. On peut dire qu'un langage formel est élaboré pour faciliter la communication entre les linguistes et rendre possible la formulation univoque de descriptions morphologiques.

Par conséquent, la nature même de notre entreprise exclut la preuve. Nous ne pouvons pas prouver, au sens strict du terme, que ce que nous proposons est juste, mais personne ne peut prouver non plus que nos propositions sont incorrectes. Cela ne veut pas dire que notre travail "is unvulnerable and thus not science" (M. Joos). Loin de là, puisque tout ce que nous disons peut être attaqué et critiqué, mais sous un autre angle. Ainsi, les concepts présentés peuvent être trouvés insuffisants, incohérents, peu pratiques, moins clairs qu'on ne le voudrait, difficilement applicables à la réalité linguistique, etc. Pourtant, on ne peut pas mettre en cause la vérité des noms proposés: comme tous les noms, ils ne sont ni vrais ni faux.

En un mot, une terminologie est soumise à l'évaluation de notre auditoire et nous ne croyons pas qu'une telle démarche nécessite une justification. L'état déplorable de la terminologie linguistique et de l'appareil conceptuel qui y correspond est devenu, depuis longtemps, un lien commun dans la littérature spécialisée.

2. Notre système de concepts est un SYSTEME RIGOUREUX et COHE= RENT. Cela signifie que:

- le système s'appuie sur quelques concepts indéfinissables qui doivent être donnés par énumération avant de pouvoir passer aux définitions;

- tout concept doit être défini soit en termes de concepts indéfinissables, soit en termes de concepts définis au préalable.

Les définitions doivent satisfaire à certaines conditions, les plus importantes étant les quatre suivantes.

(i) Pas d'homonymie dans les définitions. (= Toute expression utilisée dans les définitions a toujours un sens et un seul).

(ii) Pas de synonymie dans les définitions. (= Toute notion utilisée a toujours une expression et une seule).

(iii) Pas de cercle vicieux dans le système de définitions. (= La situation suivante, par exemple, est interdite:
A = B + C, C = K + L + M, L = A + P).

(iv) Substituabilité mutuelle absolue du terme et de sa définition *salva significatione*.

On demandera de plus, de façon informelle, que le système soit:

. suffisamment riche et expressif, pour permettre de parler de n'importe quel phénomène morphologique;

.. suffisamment nuancé, pour permettre de distinguer ce qu'on veut distinguer dans la morphologie;

... productif, c'est-à-dire, tel qu'on puisse le développer sans trop d'efforts dans toute direction souhaitable.

3. Le système doit être OUTIL DE TRAVAIL pour le chercheur en linguistique descriptive plutôt qu'un jouet formel et élégant, mais qui ne sert qu'à des exercices de gymnastique intellectuelle. Cela implique, à notre avis, deux choses également importantes:

- Le système, bien qu'il ne vise (pour le moment) que la morphologie, doit être bien adapté à l'appareil formel de la linguistique entière. Il doit s'insérer naturellement dans la structure complexe des notions sémantiques, syntaxiques ou autres.

- Le système doit suivre d'aussi près que possible les notions existantes, même si elles sont trop vagues, floues, ou ambiguës. Nous avons tenté d'aiguiser et de préciser l'appareil terminologique que la linguistique moderne met à notre disposition plutôt que d'en créer un nouveau *ex nihilo*. (Une approche opposée très connue est, par exemple, celle de Louis Hjelmslev).

Il est maintenant normal de s'interroger sur le rôle joué par la mathématique dans les recherches linguistiques. Quelle est en fait la relation entre cette communication et notre Table Ronde?

La contribution de la mathématique -ou plus précisément, des mathématiques- en linguistique est multiple et bien connue: l'investigation statistique, les représentations des structures syntaxiques et sémantiques en termes de graphes, la forme des grammaires chomskyennes calquée sur des systèmes combinatoires, etc. On peut continuer cette énumération pendant très longtemps. (A propos, dans l'ouvrage d'Yves Gentilhomme "Microsystèmes linguistiques et langagiers", dont il vient de nous faire part, on trouve une excellente revue de quelques-unes des applications mathématiques les plus importantes. Au même titre, on peut mentionner de nombreux travaux de Jacques Desclés.) Mais nous voudrions souligner ici un rôle de la mathématique qui nous semble primordial: l'organisation logique du raisonnement linguistique. Nous croyons que la chose la plus nécessaire que les linguistes doivent emprunter aux mathématiques est la culture de la pensée. L'usage d'un méta-langage formalisé pour la description des faits observables des langues naturelles; la distinction et la formulation explicite des hypothèses, des postulats, des assertions prises pour acquises; l'énonciation rigoureuse du problème posé et une programmation précise des pas à faire dans la construction d'un modèle -tel est, plus ou moins, l'évangile prêché par les mathématiciens missionnaires aux linguistes païens. Et ce sont là les premiers commandements à assimiler et à suivre.

Notre communication s'inscrit tout naturellement dans ce cadre.

En effet, nous essayons de jeter les fondements d'un langage formel de la linguistique. Pour mieux nous situer, nous nous limiterons à la morphologie -le domaine de la linguistique qui s'occupe du mot dans tous ses aspects. Plus encore, au sein de la morphologie, nous ne touchons qu'aux moyens d'expression, c'est-à-dire, aux marqueurs, laissant ainsi de côté le plan du contenu (= les catégories morphologiques). Nous essayerons donc de présenter ici un système de définitions et de termes portant sur le plan de l'expression en morphologie. Etant donné le caractère de notre communication et les limites temporelles, nous devrons sacrifier beaucoup de détails essentiels et omettre quelques précisions importantes; nous préférons encourir des risques d'erreur plutôt que d'incompréhension ou de malentendu.

Pour arriver à la construction des définitions promises, nous avons besoin de trois types de notions préliminaires sur lesquelles tout le système repose:

A. Notions reliées au processus de la communication langagière mais indéfinissables à l'intérieur de la linguistique. Ce seront nos notions de base.

B. Notions de caractère logique qui ne sont pas du tout spécifiques pour la linguistique. Ce sont des notions scientifiques de nature très générale, monnaie courante de toute science.

C. Notions linguistiques qui ne relèvent pas de la morphologie à proprement parler. Elles doivent être définies en linguistique mais dans notre exposé, nous les prenons pour acquises en nous bornant à quelques explications.

Permettez-nous de prendre ces trois groupes à tour de rôle. Mais avant de le faire, nous aimerions attirer votre attention sur le fait que nous employons les termes *notion* et *concept* en suivant le conseil de M. Yves Gentilhomme. Nous appliquons le terme de notion aux choses et constructions idéales qui se trouvent en dehors de notre système formalisé. Des notions peuvent être vagues ou précises, indéfinissables ou bien définies, mais elles le sont quelque part ailleurs. Les éléments du système présenté sont des concepts. (Nous n'insistons pas du tout sur cette distinction, qui est plutôt tangentielle pour nos objectifs, mais nous la trouvons pourtant assez commode et elle facilite la compréhension.)

A.

Notre système n'utilise que les trois notions indéfinissables suivantes:

1. *Etre le signifiant de*, ou, sous la forme plus développée, 'X est le signifiant de Y'.

2. *Etre le signifié de:* 'Y est le signifié de X'. Il est évident que 'être signifiant' et 'être signifié' sont des relations converses, tout comme 'époux-épouse' ou 'parent-enfant'.

3. *Etre le syntactique de:* 'Z est le syntactique de la paire <X, Y>'.

Ces trois notions représentent des relations, plutôt que des objets (ce qui ne nous empêchera pas de parler des signifiants, signifiés et syntactiques tout court, en voulant dire 'un item qui est le signifiant de ...', et ainsi de suite).

Est signifiant toute entité qui véhicule quelque chose de différent d'elle-même; est signifié toute entité présentée ou évoquée par une autre entité. Selon R. Jakobson, le signifiant est perceptible alors que le signifié est intelligible (ou traduisible). Il y a encore beaucoup de choses pertinentes à dire à propos de cette distinction, mais les considérations de temps me forcent à les passer sous silence.

Quant au syntactique, cet élément moins connu de la triade, c'est l'ensemble des données qui décrivent (i) la cooccurrence de la paire <signifiant, signifié> avec d'autres paires de ce même type et (ii) le comportement des signifiants au sein de telles combinaisons. Soulignons qu'on n'inclut au syntactique que des données qui ne peuvent pas être déduites soit du signifiant, soit du signifié. Les rubriques les plus typiques du syntactique sont:

- La partie du discours.
- Le genre grammatical du nom (comp. all. *das Weib* 'femme' du

genre neutre ou *la recrue* en français; ni la forme, ni le sens ne président le féminin de *table* ou de *main*, ou le masculin de *fleuve*, etc.).

- Le régime de verbe (angl. *depend ON*, all. *gratulieren WEM* (datif) 'féliciter', fr. *s'approcher DE*, etc.).

- Le type de conjugaison ou de déclinaison (cf. *finir - je finis*, mais *mourir - je meurs*).

B.

A titre d'exemple, nous allons indiquer ici les notions logiques suivantes:

1. objet
2. ensemble élément; contenir appartenir
3. paire, triple,...
4. chaîne; précéder suivre
5. vide (*un ensemble vide*)
6. relations ensemblistes (identité, inclusion, intersection, disjonction)
7. opération; appliquer une opération à ...
8. types d'opération: substitution, concaténation, itération
9. connecteurs et opérateurs logiques, ainsi que des notions apparentées, tels que: *et, ou, non, seulement, si, au moins, tous, différents, ...*

Parmi les notions de ce groupe, il faut indiquer quelques notions très importantes, bien qu'assez vagues, du type 'être semblable (ressembler à)' et 'la plupart de'. Nous ne sommes pas en mesure de les préciser -mais nous ne sommes pas certain qu'une telle précision soit nécessaire ou même utile. Le caractère flou et subjectif de ces notions correspond de près à la nature floue et estompée de plusieurs distinctions qu'on retrouve dans les langues naturelles. Nous avons une forte intuition qui nous demande de préserver cet aspect relatif et subjectif dans les définitions tout en le limitant à un endroit précis.

C.

Ce dernier groupe comprend les dix notions suivantes:

1. *Langue naturelle:* correspondance spécifique entre un ensemble infini

de sens et un ensemble fini de textes. Toute langue est considérée comme spécifiée par ses locuteurs natifs. Toutes les définitions proposées sont relatives à une langue donnée.

2. *Existence d'un item dans une langue L.*

3. *Phonème:* ensemble de sons articulés tels qu'il n'existe pas de différence distinctive entre deux sons arbitraires de cet ensemble ou si une telle différence existe, elle est toujours conditionnée par un contexte phonémique ou phonétique.

4. *Prosodème*: mutatis mutandis, comme pour le phonème (substituant des prosodies au lieu de sons).

5. *Syntagme phonétique*: segment maximal du discours tel que les règles phonétiques sont valables dans ses limites.

6. *Mot-forme*: énoncé autonome qui n'est pas représentable en termes d'autres énoncés autonomes. (La notion d'autonomie d'un énoncé doit être spécifiée par rapport à une langue particulière. Pour la représentabilité, voir plus bas).

7. *Contexte de X.*

8. *Distribution de X.*

9. *Signification grammaticale,* ou *grammème*: signification qui appartient à une catégorie grammaticale, c'est-à-dire, à un ensemble de significations telles que, pour une classe suffisamment importante de lexèmes, dans chaque lexème, une de ces significations doit obligatoirement être exprimée; cette signification possède au moins une expression standard.

10. *Signification régulière*: grammème ou signification qui, sans être un grammème, est exprimée dans la langue en question de façon semblable à l'expression des grammèmes.

Armé de concepts intermédiaires, nous allons maintenant procéder à la définition des concepts morphologiques à proprement parler. Rappelons que tous ces concepts doivent être définis en termes de concepts intermédiaires présentés ci-dessus ou en termes de concepts déjà définis.

Nous disposons à présent d'une cinquantaine de concepts morphologiques définis dans le cadre de la démarche proposée, mais nous n'en citerons ici que quelques-uns.

Le premier concept à considérer est celui du signe linguistique.

1. SIGNE LINGUISTIQUE. *X est un signe linguistique* = X est un triple ordonné
   X = <Y; Z; W>,
   où Y est le signifiant de Z, Z est le signifié de Y et W est le syntactique de la paire <Y, Z>.

On utilisera les notations suivantes: les noms des signes seront soulignés, les signifiants en italique, les signifiés entre guillemets ordinaires, et les syntactiques seront indiqués par un Σ . On écrira donc:

<u>X</u> = <*X*; 'X'; Σ_X>.

Trois remarques s'imposent à propos de cette définition.

1. Il ne s'agit pas de signes nécessairement élémentaires, ou minimaux. De tels signes seront définis plus loin. Des signes peuvent être composés; par exemple, un mot-forme tel que *chantons* est un signe:
   <u>chantons</u> = </*šãtõ*/; 'émettre des sons musicaux...; 1pl. présent, indicatif'; Σ = verbe transitif, ...>.

2. A la différence de la définition généralement admise (celle de F. de Saussure), un troisième composant -le syntactique- est ajouté au signe. C'est un composant très important: en fait, on peut même avoir des signes linguistiques à signifiant et à signifié vides, de sorte que c'est le syntactique seul qui assure leur existence (voir un exemple plus bas, sous le numéro 8). Le syntactique est une propriété constituante des signes des langues naturelles. Les langues formelles et artificielles de toutes sortes ignorent le syntactique: leurs signes sont combinés soit selon le sens, soit selon la forme. On peut même dire qu'une langue naturelle est une langue dont les signes possèdent des syntactiques, c'est-à-dire la combinatoire arbitraire, qui n'est pas réductible au signifiant ni au signifié.

Pour mieux faire ressortir le rôle des syntactiques, disons que l'opération sur les syntactiques peut devenir le signifiant d'un signe (voir plus bas).

3. Le concept de signe proposé est plus général que celui couramment adopté. Nous donnerons trois exemples de signes de types différents.

Exemple 1

Un suffixe français:

-r- = </(ə)r/; 'futur'; Σ = suffixe de l'ordre 1, ...>

(lirai, marcherons ,...)

Exemple 2

Une apophonique basque:

A_{DIM} = </$C_{[dental]} \Rightarrow$ C'/; 'diminutivité'; Σ = s'applique si X n'est pas final,...>.

(la formule de la palatalisation est la suivante: /t ⇒ t'/, /n ⇒ n'/, /s/ ⇒ /š/, /c/ ⇒ /č/, /l/ ⇒ /l'/, /d/ ⇒ /ǰ/; cette palatalisation exprime la diminutivité de la même façon qu'un suffixe: /tanta/ 'goutte'- /t'ant'a/ 'gouttelette'; /cakur/ 'chien' - /čakur/ 'toutou'; /ojlo/ 'poule' - /ol'o/ 'poulette'; etc.).

Exemple 3

Une conversion anglaise:

K_{REAL} = <N ⇒ V; 'soumettre à l'action de...'; Σ = s'applique à des noms d'instruments, de dispositifs, etc., ... >

(a bomb - to bomb, a knife - to knife, a whip - to whip; la modification de la partie du discours du radical du nom en verbe exprime le sens 'soumettre à l'action de...').

Le concept suivant est la représentabilité.

2. REPRESENTABLE. *X est représentable en termes de X_1, X_2, ..., X_n et de l'opération* $\oplus$ = l'item X peut être écrit comme résultat de l'application de l'opération $\oplus$ aux items X_1, X_2, ..., X_n, c'est-à-dire sous une des deux formes équivalentes:

$X = \oplus\ (X_1, X_2, \ldots, X_n)$

ou

$X = X_1 \oplus X_2 \oplus \ldots \oplus X_n$.

Le symbole ⊕ désigne l'union au sens le plus général du terme, c'est-à-dire, l'union de n'importe quels objets linguistiques selon les règles spécifiques valables pour cette classe d'objets dans la langue donnée. Ainsi, ⊕ peut désigner une simple concaténation des signifiants accompagnée d'une combinaison plus compliquée des autres composants de signes segmentaux:

fr. </li/; 'lire'; Σ = V(erbe) tr(ansitif),...> ⊕ </r/; 'futur'; Σ = ...>
= </li/; 'lire; futur'; Σ= V, tr, ...>.

Dans d'autres cas, ⊕ désigne l'application d'une apophonie:

basque </tanta/; 'goutte'; Σ = ...> ⊕ </$C_{[\text{dental}]}$ ⇒ C'/; 'diminutivité';
Σ = ...> = </t'ant'a/; 'gouttelette'; Σ = ...>

ou d'une conversion:

angl. </wip/; 'fouet'; Σ = N(om), ...> ⊕ <N ⇒ V; 'soumettre à l'action
de ...'; Σ = ...> = </wip/; 'fouetter'; Σ = V, ...>.

L'opération ⊕ est responsable pour tous les changements qu'il faut effectuer dans des signes au moment de les réunir (la nécessité de tels changements étant indiquée dans les syntactiques de signes correspondants).

Il est facile de voir que la représentabilité est une généralisation de la notion d'analysabilité ou segmentabilité.

Cependant elle n'est pas suffisante pour formuler le concept de signe élémentaire: un autre concept apparenté s'impose.

3. QUASI-REPRESENTABLE. *Le signe* $\underline{X}$ *est quasi-représentable en termes de signes* $\underline{X}_1, \underline{X}_2, \ldots, \underline{X}_n$ *et de l'opération ⊕ soit dans son signifiant, soit dans son signifié* = le signe $\underline{X}$ est tel qu'une des deux conditions suivantes est vérifiée:

1) son signifiant X est représentable en termes des signifiants $X_1, X_2, \ldots, X_n$ et de l'opération ⊕ , alors que son signifié 'X' n'est pas représen-

table en termes de signifiés 'X_1', 'X_2', ..., 'X_n' et del'opération ⊕ ;

ou

2) son signifié 'X' est représentable en termes de signifiés 'X_1', 'X_2',..., 'X'_n' et de l'opération ⊕ , alors que son signifiant *X* n'est pas représentable en termes de signifiants X_1, X_2, ..., X_n et de l'opération ⊕ .

N.B.: j'omets quelques détails très importants dans la condition 2 pour faciliter la perception de la définition.

Ce concept prévoit des idiomes (condition 1) et des formes supplétives du type angl. *am* = 'être, présent, 1sg' (condition 2), qui ne doivent pas être considérés comme des signes élémentaires.

On peut maintenant définir le signe élémentaire.

4. ÉLEMENTAIRE. *Le signe* X̲ *est élémentaire* = le signe X̲ n'est pas représentable ni quasi-représentable en termes d'autres signes.

Il nous faut maintenant le concept très simple 'être segmental'.

5. SEGMENTAL. *Le signe* X̲ *est segmental* = le signifiant de X̲ est une chaîne de phonèmes munie des prosodèmes nécessaires.

Enfin, nous pourrons définir le morphe:

6. MORPHE: signe segmental élémentaire.

Ce concept est trop connu pour qu'on y insiste et au lieu de le faire, nous ébaucherons une suite possible de la chaîne des définitions.

Il est vrai que dans certaines langues, les racines et les affixes sont distingués par leur forme. Ainsi, dans les langues sémitiques, les racines consistent exclusivement en consonnes, les voyelles n'apparaissant que dans les affixes; en anglais, un suffixe peut être composé d'une seule consonne (*-s*, *-d*) ce qui est exclu pour une racine; etc. Mais de telles propriétés, avec toute leur importance, ne peuvent pas servir de critères; en effet, dans le cas général, un affixe et une racine peuvent bien posséder une composition phonémique identique. Les exemples abondent: fr. /õ/ (*on* et *-ons*), /am/ *âme* et *-âmes*), etc.

D'autre part, on dit que les racines expriment les notions concrètes et spécifiques, alors que les affixes véhiculent des significations abstraites et très générales. En gros, c'est vrai; mais qu'est-ce que nous devons faire avec des racines telles que *être, quelque, non* ou *que* et des affixes comme fr. *re-* 'encore une fois', angl. *-ful* 'contenu de', hong. *-hat-* 'pouvoir' ou tchèque *-stina* 'langue' (*francustina* 'langue française')? La synonymie entre les racines et les affixes, même à l'intérieur d'une même langue, est assez répandue pour interdire une définition 'sémantique' de la racine.

Nous croyons que la distinction véritable entre les racines et les affixes est liée à leur comportement linguistique, c'est-à-dire à leur syntactique.

9. RACINE: morphe qui peut constituer un mot-forme à lui seul ou qui, faisant partie d'un mot-forme, possède un syntactique qui ressemble à celui de la plupart des morphes de la langue donnée.

Il nous semble qu'il y a là quatre points intéressants qui méritent peut-être des explications supplémentaires.

1. La première partie de la définition reprend la définition bien connue de Bloomfield: une racine est une forme libre. Il est vrai que quelques racines apparaissent comme formes libres (= sans aucun affixe), mais la plupart des racines dans beaucoup de langues ne peuvent pas être employées sans affixe. Ainsi, on sait qu'en latin les racines *lup-(us)* ou *dic-(o)*, par exemple n'apparaissent jamais sans suffixe. Mais il n'est peut-être pas nécessaire d'aller chercher si loin: même en anglais, *pencil-* ou *read-* ne sont pas des formes libres, puisque les mots-formes *(a) pencil* et *(they) read* sont bimorphiques, c'est-à-dire composés d'une racine et d'un suffixe zéro (*pencil* = *pencil*-$\emptyset_{sg}$, *read* = *read*-$\emptyset_{pres,3pl}$). C'est pour cette raison que la définition de Bloomfield est inexacte et doit être remplacée.

2. Les syntactiques de tous les affixes se ressemblent, car ils se rapportent presqu'exclusivement à la combinatoire <u>intra</u>lexicale, à l'intérieur du mot-forme (un syntactique affixal indique la classe des racines admettant l'affixe donné, spécifie les modifications que l'ajout de

cet affixe entraîne dans la racine ou que l'affixe subit auprès de certaines racines, etc.). Les syntactiques des racines, bien qu'ils puissent inclure des données sur la combinatoire intralexicale, doivent absolument comprendre des informations sur la combinatoire <u>extra</u>lexicale -établissement des modalités selon lesquelles les mots-formes sont combinés entre eux. C'est ce trait absent des syntactiques affixaux qui permet de faire la distinction entre les racines et les affixes.

3. La classe des racines est normalement de 100 à 1000 fois plus grande que celle des affixes. Par conséquent, si nous arrivons à diviser les morphes d'une langue en deux classes suivant la ressemblance de leurs syntactiques, nous savons immédiatement quelle classe est composée de racines.

4. La ressemblance étant une propriété très relative et subjective, il peut y avoir des cas intermédiaires: des morphes dont le syntactique sera jugé également semblable à celui des racines et à celui des affixes. Cette relativité (ou imprécision, si l'on veut) a été introduite volontairement dans notre définition pour de véritables cas intermédiaires, qui sont d'ailleurs assez nombreux (comp. *-mann* en all. *Seemann* 'marin', *Kaufmann* 'marchand', etc., avec le pluriel *Seeleute*, *Kaufleute*; ou des parties initiales des lexèmes russes telles que *kino-* 'cinéma' ou *avia-*). Puisque la langue naturelle n'est pas si stricte pour distinguer les affixes des racines, nous avons pensé que leur définition ne pourrait "être plus royaliste que le roi".

10. AFFIXE: morphe qui fait toujours partie d'un mot-forme et qui n'est pas une racine.

On peut facilement faire le calcul des types d'affixes. Il suffit de considérer deux propriétés 'topologiques' des affixes:

(i) L'affixe peut ou ne peut pas diviser la racine (causant ainsi sa discontinuité).

(ii) L'affixe peut ou ne peut pas être divisé par la racine (devenant discontinu lui-même).

On trouvera ci-dessous les quatre classes majeures des affixes:

Propriété de l'affixe \ Type de l'affixe	Confixe	Circonfixe	infixe	transfixe
L'affixe divise la racine?	-	-	+	+
L'affixe peut être divisé par la racine?	-	+	-	+

11. CONFIXE: affixe qui ne divise jamais la racine et n'est jamais divisé. Une classification ultérieure des confixes est possible.

12. PRÉFIXE: confixe qui précède la racine, sans en suivre une autre.

    Exemple 6:
    re- en français, *un-* en anglais.

13. SUFFIXE: confixe qui suit la racine, sans en précéder une autre.

14. INTERFIXE: confixe qui suit une racine et en précède une autre. Les interfixes sont très typiques pour des mots composés de plusieurs langues.

    Exemple 7:
    -i- dans des compositions espagnoles du type *ver-i-negro* 'vert-noire' ou *pat-i-tuerto* 'bancal' (*pata* 'jambe' *-tuerto* 'torse'); *-s-* dans les compositions allemandes du type *Bedeutung-s-gruppe* 'groupe sémantique', *Bildung-s-möglichkeit* 'possibilité de formation', etc.

15. CIRCONFIXE: affixe qui ne divise jamais la racine mais qui est toujours divisé par elle.

    Exemple 8:
    les confixes du participe passé en allemand *ge-floge-n*, *ge-frag-t*; ou le confixe géorgien des numéraux ordinaux: *me-... -e* (*mesam-e* 'troisième' de *sam-i* 'trois').

16. INFIXE: affixe qui divise toujours la racine mais qui n'est jamais divisé.

Exemple 9:

l'infixe nasal un présent en latin (*vi*-n-*co* 'je vaincs' -*vic*-*ī* 'j'ai vaincu' ou *ru*-m-*po* 'je romps' - *rup*-*ī* 'j'ai rompu'); les infixes abondent en tagal et dans d'autres langues philippines.

17. TRANSFIXE: affixe qui divise toujours la racine et est toujours divisé.

Exemple 10:

les transfixes sont très typiques des langues sémitiques; ainsi, on a en arabe: -*i*-*ā* 'pluriel' (*kilāb* 'chiens', *ǰibāl* 'montagnes', *riǰāl* 'hommes') ou -*u*-*i*- 'passif' (*kubita* 'il a été écrit' *qutila* 'il a été tué', *šuriba* 'il a été bu').

Il serait peut-être utile de souligner que notre classification stricte des morphes en racines et affixes n'empêche pas d'analyser des cas plus compliqués, comme, par exemple, les mots-formes arabes comprenant des pronoms enclitiques: *saʕalatuhu* 'elle lui a demandé' sera dit un mot-forme constitué par le mot-forme *saʕalatu* 'elle a demandé' et le pronom -*hu*, représentant d'un lexème à part *huwa* 'il'; -*hu* ne sera donc pas un suffixe: c'est une racine incorporée à un mot-forme composé, à son tour, de la racine *s*-*ʕ*-*l* 'demander', du transfixe -*a*-*a*- 'parfait-actif' et de deux suffixes: -*a* '3sg' et -*tu* 'féminin'. De même, *minkum* 'de vous' est analysé comme un mot-forme composé de deux racines; la préposition *min* 'de' et le pronom -*kum* représentant de *antum* 'vous [masc]'. Tout cela reste aussi valable pour les clitiques du type portugais: *ouvi*-*lo*-*ão* 'ils l'entendront' est un mot-forme composé d'un autre mot-forme *ouvirão* qui admet, au niveau de morphologie de surface, l'incorporation d'un troisième mot-forme *lo* entre le suffixe du futur -*r*- et la terminaison personnelle de 3pl -*ão*.

Nous pensons que ces 17 définitions sont suffisantes pour illustrer le système proposé, et nous arrêterons ici. Cependant nous aimerions tout de même indiquer quelques directions dans lesquelles ce système est développé.

. On introduit le concept de MODIFICATION opération de substitution qui transforme des signifiants en signifiants. On en dérive les concepts d'ALTERNANCE, de RÉDUPLICATION, d'APOPHONIE (un signe dont le signifiant est une modification, comme </a ⇒ e/; 'pluriel'; Σ = ...> en allemand: *Vater* 'un père' - *Väter* 'des pères', etc.).

.. On construit le MORPHÈME comme ensemble des morphes ayant le même signifié et qui sont distribués selon des règles suffisamment standard. On généralise la notion de -EME à tous les types de signes linguistiques.

...On considère le domaine SUPRASEGMENTAL (= des prosodies) pour formuler les concepts de SUPRAFIXE (le ton haut sur la dernière syllabe d'un verbe signifie la pluralité de son sujet en mongbandi, famille bantoue: *gwè* 's'est allé' - *gwé* 'se sont allés', *kpē* 'a fui' - *kpé* 'ont fui', *díkò* 'a lu' - *dīkó* 'ont lu'), d'APOTHONIE SUPRASEGMENTALE, etc.

....On étudie le SUPPLÉTIVISME et les IDIOMES MORPHOLOGIQUES.

Somme toute, le système dans son état actuel permet de définir une centaine de concepts morphologiques intéressant le plan de l'expression. (Cinquante de ces définitions sont données dans notre livre: I. MEL'ČUK, Towards a Language of Linguistics: System of Formal Concepts for Morphology, 1980, Munich, Fink).

Maintenant, pour la "bonne bouche", nous allons donner un exemple d'application des concepts aux données linguistiques en vue de leur classification et de leur analyse.

Depuis longtemps, on connaît quelques relations possibles entre deux signes linguistiques:

- synonymie (*le rapt, l'enlèvement* [d'Hélène de Troie]), c'est-à-dire, l'identité des signifiés, les signifiants étant différents;

- homonymie (*balle*: 'balle à jouer' - 'gros paquet de marchandise'), c'est-à-dire, l'identité des signifiants, les signifiés étant différents;

- dérivation (*chant-*[*er*] - *chant-eur*), c'est-à-dire, une ressemblance partielle, mais parallèle, des signifiants et des signifiés.

On peut se demander quelles sont TOUTES les relations de ce type qui sont possibles entre deux signes segmentaux. En utilisant des procédés et des concepts formalisés, la réponse devient possible, si l'on ignore le syntactique des signes, elles sont au nombre de 17, pas plus, pas moins (aucun rapport, bien sûr, avec les 17 définitions que nous venons de donner!) Voilà comment on arrive à les dégager.

Prenons le concept de signe linguistique pour acquis.
Si l'on compare deux signes A̲ et B̲ quelconques, il faudra comparer les signifiants *A* et *B*, puis les signifiés 'A' et 'B', et enfin, les syntactiques $\Sigma_{\underline{A}}$ et $\Sigma_{\underline{B}}$. Pour simplifier notre raisonnement, faisons abstraction du syntactique. Comment doit-on alors comparer les signifiants et les signifiés?

Les signifiants et les signifiés sont des ensembles -de phonèmes ou d'unités sémantiques- avec des relations d'ordre spécifiées sur ces ensembles, mais toujours des ensembles. Or, il existe exactement quatre relations possibles entre deux ensembles quelconques:

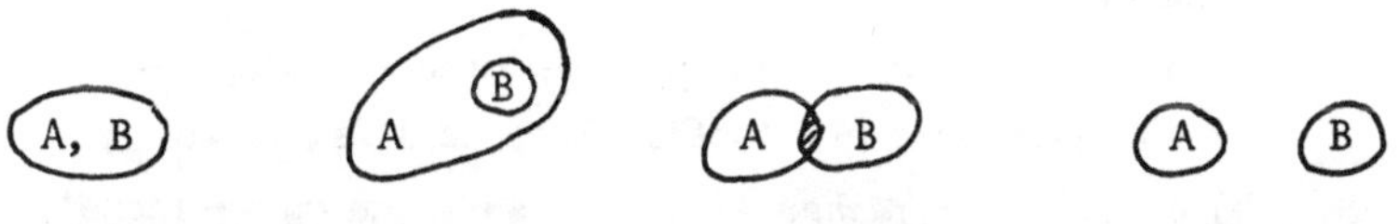

1) identité   2) inclusion (stricte)   3) intersection (non-vide)   4) disjonction (intersection vide)

En notant les signifiants de A̲ et de B̲ par F(A) et F(B) [F de *forme*] et les signifiés de A et de B par S(A) et S(B) [S de *sens*], nous considérerons toutes les relations ensemblistes entre F(A) et F(B), d'une part, et entre S(A) et S(B), d'autre part:

I̲. F(A) = F(B)

1. S(A) = S(B) Exemple: quelques conversions du type anglais *(to) struggle - (the) struggle*
2. S(A) ⊃ S(B) Exemple: POLYSÉMIE INCLUSIVE ("en chaîne") du type *lion 1* 'animal sauvage...' - *lion 2* 'mâle du lion 1'; ou encore en russe: *gruša 1* 'poire' - *gruša 2* 'poirier'.

3. $S(A) \cap S(B) \neq \Lambda$

Exemple: POLYSÉMIE IRRADIANTE ("en embranchement"), du type *louer 1* 'donner en location' - *louer 2* 'prendre en location'.

4. $S(A) \cap S(B) = \Lambda$

Exemple: HOMONYMIE.

II. $F(A) \supset F(B)$

5. $S(A) = S(B)$ Exemple: AFFIXATION VIDE (l'affixe ne change pas le sens du mot-source comme en russe *lis-[a]*'renard' - *lis-*<u>ic</u>*-[a]* 'renard').

6. $S(A) \supset S(B)$ Exemple: DÉRIVATION (normale).

7. $S(A) \subset S(B)$ Exemple: DÉRIVATION À DEUX SENS, ou "contradictoire"; cette formule couvre les cas où le terme formellement dérivé (plus complexe) est sémantiquement plus simple. En français:

a) *astronome - astronom-*<u>i</u>*-e, géologue - géolog-*<u>i</u>*-e*, etc., où 'astronome' est 'spécialiste de l'astronomie';

b) *se fâcher - fâcher* 'faire en sorte qu'on se fâche', *s'étonner - étonner* 'faire en sorte qu'on s'étonne'.

8. $S(A) \cap S(B) \neq \Lambda$

Exemple: DÉRIVATION À INTERSECTION SÉMANTIQUE, du type angl. *widow* 'femme veuve' - *widower* 'homme veuf'.

9. $S(A) \cap S(B) = \Lambda$

Exemple: IDOMES DÉRIVATIONNELS, du type russe *ručka* 'stylo', où la relation formelle avec *ruk-[a]*'main' est encore perceptible (*ručka* 'petite main jolie et plaisante' existe aussi étant une formation tout à fait régulière), tandis qu'il n'y a pas de composant sémantique commun entre 'main' et 'stylo'. [Historiquement, *ručka* 'petite main', comp, angl. *penholder*].

Nous n'analyserons pas les 8 autres cas pour ne pas abuser de votre patience. De toute façon, d'une part, le lecteur intéressé peut facilement construire les formules et les interpréter tout seul, et d'autre part, la description a été publiée: I. MEL'CUK, Das Wort, 1976, Munich, Fink, 89-114 (en anglais) ou J. REY-DEBOVE (ed.), Recherche sur les systèmes signifiants, 1973, The Hague, Mouton.

R e m e r c i e m e n t s

Nous sommes très reconnaissant à M. J.-B. Grize dont l'invitation généreuse nous a permis d'entreprendre ce voyage et de présenter cette communication. Le brouillon de notre texte a été lu par L.N. Iordanskaja et N. Jumarie, et la variante finale a été corrigée par A. Clas; leurs remarques et critiques ont contribué à en améliorer la présentation. Nous regrettons de ne pouvoir donner ici la liste de tous ceux avec qui nous avons discuté et rediscuté les problèmes de morphologie formelle pendant ces dix dernières années.

OPÉRATIONS CONSTITUTIVES D'ÉNONCÉS

par Jean-Pierre DESCLÉS, Paris

0. INTRODUCTION

De même qu'il existe une branche des mathématiques appelée "physique mathématique", il est concevable que la "linguisti-mathématique" soit reconnue en tant que domaine spécifique chargée de : 1° rechercher et décrire les structures observées dans l'agencement des termes linguistiques des langues naturelles ; 2° étudier les propriétés mathématiques des systèmes de représentations métalinguistiques.

La "linguistique mathématique" n'est pas, selon nous, réductible à la théorie des langages formels, née avec les travaux du linguiste nord américain Noam Chomsky et du mathématicien français Marc-Paul Schützenberger. Comme on le sait, cette théorie met en jeu la structure algébrique du monoïde ; les systèmes semi-thueien de réécriture ; des grammaires qui engendrent ou des automates qui reconnaissent un langage formel, partie d'un monoïde libre ; des séries formelles à variables non commutatives ; des structures de chaînes de symboles et des structures d'arbres (de dérivation d'une suite...) ; des transformations entre mots formels et entre arbres...

Certains théorèmes de la théorie des langages formels éclairent notre compréhension relative à la complexité structurelle des langages et au pouvoir explicatif de certains systèmes de représentations métalinguistiques. Citons deux théorèmes qui nous semblent, de ce point de vue, fondamentaux et exemplaires. Le premier est le théorème de Chomsky (1955) que l'on peut formuler ainsi : " *chaque langue naturelle a une syntaxe qui n'est pas descriptible de façon effective par une grammaire 'indépendante du contexte' (en termes techniques : chaque langue naturelle n'appartient pas à la classe des langages 'context -free')*".

Le second théorème est celui de Peters et Ritchie (1971) que l'on peut formuler ainsi :"*Une grammaire transformationnelle GT, où sont permises les transformations élémentaires d'effacement, de substitution, d'adjonction, est telle que si la base est un langage engendré par une grammaire non contextuelle alors le langage engendré par la grammaire transformationnelle GT est un ensemble récursivement énumérable*".

Ces deux théorèmes annoncent des résultats négatifs. Le premier affirme que les langues ont une complexité d'agencement qui est supérieure à la complexité par emboîtements récursifs, du moins si l'on veut engendrer et décrire une langue de façon "effective" (c'est-à-dire par programme informatique).
Le second est relatif à un modèle, celui des grammaires transformationnelles de N. Chomsky (1965). En effet, du théorème de Peters et Ritchie, on déduit que l'hypothèse d'une structure de base universelle ne peut pas être prouvée comme fausse c'est-à-dire, en d'autres termes, qu'il y a un nombre non fini de structures (universelles) de base et il est alors impossible de choisir laquelle serait explicative puisque chaque linguiste peut reconstituer une structure de base ; il n'y a aucun argument (du moins en prenant pour seul critère -faible- la capacité générative) qui permettrait de choisir cette structure de base de préférence à une autre.

La théorie des langages formels a trouvé des champs d'application privilégiés en mathématique, dans la théorie des nombres, par exemple et surtout en informatique dans l'étude des langages de programmation, notamment pour la définition de leur syntaxe et l'écriture des compilateurs. Ces applications et utilisations en informatique amènent vite à penser que la "linguistique mathématique" n'existe pratiquement pas mais fait plutôt partie de l'informatique théorique et certains vont jusqu'à dire que linguistique et informatique théorique ne devraient être qu'une seule et même discipline puisque toutes deux sont concernées par l'étude des "langages" (naturels et de programmation) et donc par des objets sémiotiques assez comparables. S'il est vrai que les langues naturelles et les langages de programmation (de haut niveau) ont, en tant que systèmes de représentations, des propriétés communes, il existe des propriétés sémiotiques différentielles assez considérables. En effet, la linguistique appréhende des objets naturels et, de ce fait, la linguistique est une discipline naturaliste au même titre que les sciences de la nature ; la théorie des langages de programmation s'occupe, quant à elle, d'objets construits que l'on peut modifier en les perfectionnant. Une langue naturelle, au contraire, ne peut pas être reformée par simple décision d'un groupe (aussi compétent soit-il) de linguistes ou de censeurs, c'est un objet naturel soumis à des variations sociales et historiques non conscientes que l'on peut seulement décrire mais difficilement prédire et, à ce titre, la linguistique appartient aux sciences humaines.

Nous avons dit que la "linguistique mathématique" n'était pas réductible à la théorie des langages formels. Il existe plusieurs axes de recherches où linguistique et mathématiques entretiennent des rapports féconds sinon nécessaires. Evitons tout de suite un malentendu : nous cherchons à formaliser non pas le langage et les langues mais plutôt une théorie du langage qui s'appuie sur un empirique : les langues naturelles. Pour construire une théorie du langage il est nécessaire d'organiser des concepts, de définir des procédures d'analyse, de construire des systèmes de représentations métalinguistiques, de contrôler les discours théoriques et enfin de concevoir des protocoles expérimentaux susceptibles de valider les constructions théoriques. Plutôt que de construire des systèmes formels globaux, nous préférons constuire des systèmes locaux compatibles entre eux. La première tâche qui s'impose c'est la mathématisation des concepts linguistiques. De même que la physique s'est constituée par une mathématisation des concepts physiques, par exemple la vitesse instantanée mathématisée par Galilée, la linguistique traverse à un stade prégaliléen : il lui faut trouver ses concepts, les organiser, les rendre univoques et transmissibles. Si l'on parle d'énonciation, de pragmatique, alors les concepts doivent être clairs. La mathématique est d'un grand secours pour cette clarification : Les procédures d'analyse visent à être indépendantes des utilisateurs pour cela on cherche à les rendre univoques, transmissibles et répétitives. Cet objectif à atteindre montre que les procédures se présentent dans le meilleur des cas sous forme d'algorithmes ou sous forme d'heuristiques programmables.

La construction de systèmes de représentations métalinguistiques est une étape indispensable pour toute théorie car le ou les système(s) choisi(s) conditionne(ent) les options théoriques prises. Représenter les données linguistiques uniquement avec des "arbres" implique des choix et des contraintes. Nous reviendrons plus loin sur ce problème. Les systèmes métalinguistiques doivent être susceptibles de fournir des moyens de noter les concepts et de les manipuler, bref de se présenter sous forme d'une "écriture conceptualisée" analogue à l'idéographie (Begriffsschrift) de G. Frege, qui permet de donner une forme symbolique aux concepts qui, alors, sont objets de la réflexion. Toute théorie doit viser à la cohérence maximale. Les discours théoriques (description , explicitation...) cherchent à être non ambigus, transparents et entièrement reproductibles. Pour atteindre ce stade, il faut se donner des moyens de contrôler la cohérence du discours théorique : quels sont les procédés argumentatifs utilisés ? Quelle est la force de chaque procédé ?... A côté des procédures de déduction (assez rares) et d'induction par généralisation, la linguistique emploie très souvent des modes de raisonnement, empruntés à C.S. Peirce, dits par <u>ab-duction</u>. Rappelons le procédé : Soit $\vdash p \Rightarrow (q_1 \wedge \ldots \wedge q_n)$ une thèse, par exemple p est une proposition théorique et $q_1, \ldots, q_n$ des propositions portant directement sur l'empirique. Supposons que $\vdash q_1, \ldots, \vdash q_n$ soient des thèses, par exemple on vérifie que les propositions $q_1, \ldots, q_n$ sont empiriquement vraies. Le mode par ab-duction s'écrit alors :

$$\frac{\vdash (p \Rightarrow q_1 \wedge \ldots \wedge q_n) \wedge \vdash q_1 \wedge \ldots \wedge \vdash q_n}{\vdash_{a} p}$$

En d'autres termes, si l'on a la thèse :

$\vdash (p \Rightarrow q_1 \wedge \ldots \wedge q_n)$

et si l'on constate que l'on a :

$\vdash q_1, \ldots, \vdash q_n$

alors on pose par ab-duction que l'on a : $\vdash_{a} p$.

La linguistique historique et comparée utilisait constamment la procédure par ab-duction.

Si la linguitique est un domaine naturaliste, il lui faut alors expérimenter, donc elle doit être capable de concevoir et d'organiser des montages expérimentaux destinés à valider le corps théorique. L'informatique offre un merveilleux moyen de valider les hypothèses théoriques : les systèmes métalinguistiques utilisés permettent d'en déduire des programmes informatiques, véritables instruments d'expérimentation produits par la théorie.

L'emploi des mathématiques intervient donc sur différents axes et n'est pas réductible à la seule construction de systèmes formels comme le travail de N. Chomsky avait pu le laisser croire.

1. REPRÉSENTATION DES AGENCEMENTS LINGUISTIQUES.

Nous voudrions essayer de cerner un concept, celui qui est relatif au mode d'agencement des termes dans un énoncé. La méthode que nous voulons appliquer et qui est au coeur des rapports entre linguistique et mathématiques, consiste à regarder les structures et en tirer toutes les conséquences, ce qui revient à "épuiser les conséquences de la structure choisie". L'analyse et la mise en place de ce concept nous amène à formuler une thèse à laquelle nous nous attachons : "*la linguistique doit dépasser le classificatoire stricte et construire des systèmes de représentations métalinguistiques non taxinomiques susceptibles de mieux représenter les opérations constitutives des énoncés".*

1.1 Structures de chaînes.

La structure de suite ou de chaîne est la structure la plus apparente mais elle ne permet pas de décrire les modes profonds d'agencements des termes entre eux : comment sont-ils groupés? Dans quels syntagmes entrent-ils ? En effet, chaque énoncé est obtenu en agençant par juxtaposition des mots entre eux, chaque mot est une suite de morphèmes, chaque morphème une suite de phonèmes. Mais, en ne retenant que ce mode très apparent par juxtaposition, on est incapable de partager les suites qui ont le statut d'énoncé de celles qui ne l'ont pas. Il est clair que nous négligeons ainsi tous les phénomènes prosodiques. De plus, une suite est plus ou moins énonçable et parfois inénonçable (sur ce sujet, voir notre article :"Enoncés et énonçables" in Lingua e stile)
Il est donc nécessaire de recourir à des systèmes de représentations métalinguistiques moins apparents mais qui permettront de segmenter chaque énoncé en constituants élémentaires et indispensables, d'une part, et en constituants métalinguistiques symboliques apparamment moins visibles et pourtant indispensables à l'agencement, d'autre part.
Il est utilisé des systèmes de représentations classificatoires dans lesquels chaque objet est biunivoquement associé à une classe d'équivalence d'objets empiriques immédiatement observables (en fait une classe d'items lexicaux et de morphèmes grammaticaux équivalents ou une classe de suites d'items lexicaux et de morphèmes grammaticaux équivalents).

1.2 Les stemmas de Tesnière

Partons d'une structure de dépendance comme un stemma de Tesnière :

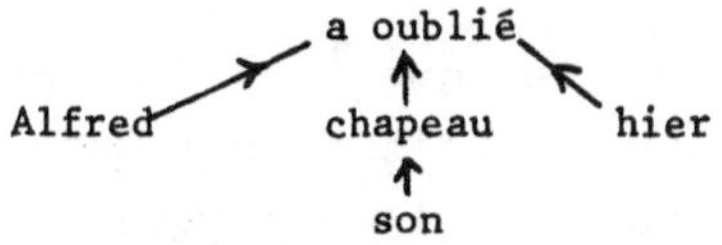

Ceci se présente comme une représentation métalinguistique de la phrase : Alfred a oublié son chapeau où sont notées à la fois les relations de dépendance des mots entre eux et les relations d'actance, le verbe étant pris comme l'élément organisateur essentiel de la phrase.
Il est tout à fait simple de donner une définition mathématique précise des "Arbres de dépendance" et même de présenter une partie de la théorie de Tesnière sous forme de règles de réécriture en constituant dans ce qu'on a l'habitude d'appeler des Grammaires (formelles) projectives (Gaifman, Lecerf).

On a pu démontrer le résultat suivant :

THÉORÈME : *Les langages engendrés par les grammaires projectives sont de type 2 (dans la hiérarchie de Chomsky).*

Cela signifie que tout langage engendré par une grammaire projective peut être également engendré par une grammaire non contextuelle (elle aussi, par définition de type 2).
Il a été fait un certain nombre de reproches à la théorie linguistique de Tesnière et aux représentations métalinguistiques qu'elle engendre. Nous n'y reviendrons pas. Nous retiendrons, cependant, que la structure représentative adoptée ici met sur le même niveau de dépendance hier, d'une part et le couple d'actants :< Alfred, chapeau >,d'autre part ; de plus le verbe a oublié n'est absolument pas analysé et, enfin, il est impossible de savoir, à l'examen du seul terme, si hier est uniquement un modificateur du verbe (d'où son statut d'adverbe) ou un modificateur général de la phrase :Alfred a oublié son chapeau, ou encore si hier et le morphème disconti-

nu : "a...é" entretiennent des relations de co-occurrence puisque l'on n'a pas :

* Demain, Alfred a oublié son chapeau

* Hier, Alfred oublie son chapeau

L'adverbe est une catégorie linguistique très délicate à définir et plusieurs positions sur le rôle de hier dans la phrase peuvent être argumentées sans que l'on puisse s'arrêter de façon absolument convaincante, à l'une des solutions. Cependant Tesnière se prononce puisque pour lui, l'adverbe est un mot plein qui exprime "les attributs abstraits des substances" sans pour autant décrire la non acceptabilité des suites ci-dessus. Il fait de l'adverbe une catégorie primitive au même titre que celle du nom, du verbe, de l'adjectif. Or, aucune de ces catégories n'est universelle. Même pour une seule langue, la catégorisation des mots reste délicate (surtout pour l'adverbe).

1.3 Arbres Catégoriels

Considérons maintenant le formalisme des grammaires catégorielles (H.B. Curry, Y. Bar-Hillel , J. Lambeck, M. Creswell...) héritées des logiciens polonais S. Leśniewski et K. Adjukiewicz et des idées du philosophe E. Husserl.

Dans cette perspective, il y a deux sortes d'entités fondamentales nécessaires à un acte de communication : les premières sont porteuses d'une référence tandis que les secondes sont porteuses d'une valeur de vérité ; en sélectionnant un nom et en disant quelque chose à son sujet, nous construisons une proposition qui peut désigner soit le vrai, soit le faux. En d'autres termes nous effectuons l'opération suivante :

> nous utilisons un nom comme argument d'une fonction (propositionnelle) de façon à construire une proposition qui est la valeur de cette fonction propositionnelle pour l'argument sélectionné. Une fonction propositionnelle est unaire conceptualisée comme une application d'un ensemble d'objets

dans un ensemble de propositions.

Acceptons provisoirement l'assimilation (par ailleurs discutable) suivante : les phrases (déclaratives) sont des expressions linguistiques qui ont le type des propositions ; les syntagmes nominaux sont des expressions linguistiques qui ont le type des noms. Nous faisons également l'hypothèse suivante : *Les catégories syntaxiques (en particulier les parties du discours) ont un type qui peut être immédiatement déduit des deux sortes d'entités primitives.*

Pour satisfaire à cette hypothèse, donnons nous les premières règles de constuctions des types suivantes:

(1) *Les sortes des entités primitives, désignées par* $\underline{n}$ *et* $\underline{s}$ *sont des types (élémentaires)*

(2) *Si* $\underline{t}_1$ *est un type et* $\underline{t}_2$ *est un type, alors* $< \underline{t}_1, \underline{t}_2 >$ *est un type (dit fonctionnel)*

Prenons un premier exemple : Jean dort

A Jean et à dort sont attribués respectivement les types $\underline{n}$ et $< \underline{s}, \underline{n} >$. En effet, dort est considéré comme un prédicat (unaire), donc comme une fonction (propositionnelle) qui étant appliquée à Jean construit la proposition 'Jean dort'. L'expression linguistique 'dort' appartient donc à l'ensemble Hom(N,S) des applications de l'ensemble N des objets de type $\underline{n}$ (c'est-à-dire des syntagmes nominaux) dans l'ensemble des phrases, c'est-à-dire de type $\underline{s}$ (donc, d'après notre assimilation, des propositions) . Nous avons par conséquent :

$$\underline{\text{dort}} \in \text{Hom}(N,S)$$

$$\underline{\text{dort}} : N \longrightarrow S : \underline{\text{Jean}} \longmapsto \text{'}\underline{\text{Jean dort}}\text{'}$$

Nous en déduisons le type de dort, à savoir $< \underline{s}, \underline{n} >$.

Dans la tradition des grammaires catégorielles, nous écrivons ce type sous forme de la "fraction" : $\frac{\underline{s}}{\underline{n}}$ Cette notation permet immédiatement de vérifier la "correction syntaxique"

de la phrase : 'Jean dort'

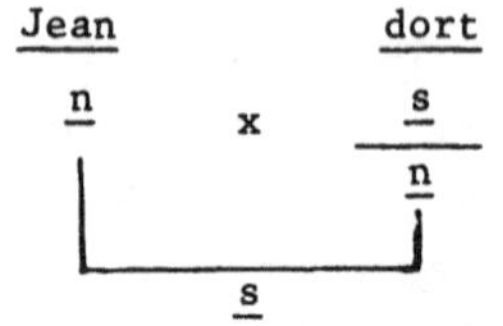

$$\underline{n} \times \frac{\underline{s}}{\underline{n}} = \underline{s}$$

Nous en déduisons immédiatement l'arbre catégoriel :

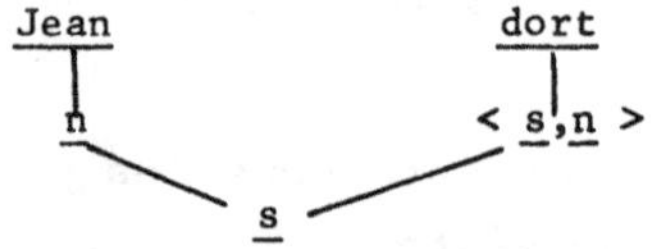

Prenons un exemple légèrement plus compliqué : Jean admire Marie
Le verbe transitif admire peut être considéré comme une application de Hom (N × N, S)

admire : N × N ⟶ S
< Jean, Marie > ⟼ 'Jean admire Marie'

Quel est le type attribuable maintenant à admire ?
En généralisant la situation précédente, nous avons envie de lui attribuer le type < s,nn > mais cette expression n'est pas pour l'instant un type puisqu'elle n'est pas construite par les régles (1) et (2) précédentes : 'nn' n'est pas un type !
Cependant nous avons la bijection ensembliste suivante :

$$\text{Hom}(N \times N, S) \simeq \text{Hom}(N, \text{Hom}(N,S))$$

qui permet de ramener une fonction binaire (à deux arguments) à une composition de fonctions uniquement unaires. Etant donné

$$f : N \times N \longrightarrow S : < x,y > \longmapsto z$$

il lui correspond bijectivement :

$$g : N \longrightarrow \text{Hom}(N,S) : x \longmapsto h_x : y \longmapsto h_x(y) = z$$

avec pour tout x, pour tout y : $h_x(y) = f(x,y) = z$.

Ceci nous amène à attribuer à admire le type : $\langle\langle \underline{s},\underline{n}\rangle,\underline{n}\rangle$ qui maintenant est parfaitement défini. Nous posons également la définition suivante :

$$\langle \underline{s},\underline{nn} \rangle \equiv_{def} \langle\langle \underline{s}, \underline{n} \rangle,\underline{n} \rangle$$

Prenons maintenant un troisème exemple :

'Jean donne une pomme à Marie'

Le verbe trivalent (dans la terminologie de L. Tesnière)...donne...à... peut être considéré comme une application de Hom(N $\times$ N $\times$ N, S):

$$N \times N \times N \longrightarrow S$$

$$\langle \text{Jean, une pomme, Marie} \rangle \longmapsto \text{'Jean donne une pomme à Marie'}$$

où la valeur de la fonction propositionnelle est le résultat d'un agencement du verbe avec ses trois arguments. Quel est le type attribuable au verbe trivalent ?

En généralisant l'exemple précédent et d'après la bijection ensembliste :

$H(N \times N \times N, S) \simeq \mathrm{Hom}(N, \mathrm{Hom}(N, \mathrm{Hom}(N,S)))$

nous attribuons à...donne...à... le type :

$$\langle \underline{s},\underline{nnn}\rangle \equiv_{déf} \langle\langle\langle \underline{s},\underline{n}\rangle\ \underline{n}\ \rangle,\underline{n}\ \rangle$$

La donnée d'une GRAMMAIRE CATÉGORIELLE (GC) consiste à donner

1) des régles de constructution des types d'objets manipulés;
2) un dictionnaire où chaque entrée est une expression linguistique élémentaire catégorisée syntaxiquement et (d'après notre hypothèse) celle-ci a un type défini en fonction des sortes d'entités primitives ;
3) des règles de construction des phrases qui consistent à respecter la "correction syntaxique".

Détaillons ces trois composantes :

TYPE :

Les exemples précédents nous amènent à modifier légèrement les règles de formation des types introduites précédemment, en ajoutant les règles :

(3) *si* $\underline{t}_1, \ldots, \underline{t}_n$ *sont tous des types,*
alors la suite $\underline{t}_1, \ldots, \underline{t}_n$ *est un type*

(4) *si* $\underline{t}_1, \ldots, \underline{t}_n$ *et* $\underline{t}$ *sont des types*
alors $< \underline{t}, \underline{t}_1 \ldots \underline{t}_n >$ *est un type fonctionnel*

Etant donné l'interprétation que nous visons à donner aux types fonctionnels (type d'une application), nous devons tenir compte de la bijection entre application n-aires et composition d'applications unaires (cette propriété est une propriété catégorique de la catégorie cartésienne des ensembles. Aussi, posons nous la relation d'équivalence sur les types :

$$<\underline{t}, \underline{t}_1 \ldots \underline{t}_n> \; \simeq \; <\ldots.<\underline{t}, \underline{t}_n > \ldots \underline{t}_1 >$$

Il s'ensuit alors que l'ensemble des types est obtenu en prenant l'ensemble-quotient de l'ensemble construit avec (1), (2), (3), (4), par la relation d'équivalence précédente.

DICTIONNAIRE .

Chaque entrée se voit attribuer un type qui est défini en fonction des sortes d'entités primitives (nom et proposition) En donnant un fragment de dictionnaire du français, nous pourrions bien montrer qu'il y a, d'un côté, des objets qui ont un type non fonctionnel (des objets qui sont des "sortes de noms", c'est-à-dire des syntagmes nominaux) et des objets qui sont des "sortes de propositions" (c'est-à-dire toutes les phrases primitives et construites) et, d'un autre côté, des objets qui ont un type fonctionnel. Les objets qui ont un type non fonctionnel seront appelés opérandes absolues ; les objets de type fonctionnel seront appelés opérateurs. Il existe, bien entendu, plusieurs types d'opérateurs selon les types qui entrent dans la composition des types fonctionnels.

RÈGLES DE CONSTRUCTION :

Chaque phrase est construite en *agençant les opérateurs et les opérandes entre eux* de façon à construire un arbre. L'agencement doit cependant respecter les contraintes des types : il doit y avoir "accord" entre le type de l'opérande et le type fonctionnel de l'opérateur ; l'objet construit se voit alors attribuer un type qui est déterminé par le type de l'opérateur agencé en accord avec le type de son opérande. La seule règle d'agencement est la suivante :

"soit σ un opérateur de type fonctionnel $<\underline{t}_1, \underline{t}_2>$;
soit $\underline{a}$ *un objet de type* $\underline{t}_2$ *; nous pouvons considérer que* $\underline{a}$ *peut être une opérande de σ et donc agencer σ et* $\underline{a}$ *; l'objet qui résulte de cet agencement est tel que son type est* $\underline{t}_1$*".*

Représentons ceci par l'arbre catégoriel suivant :

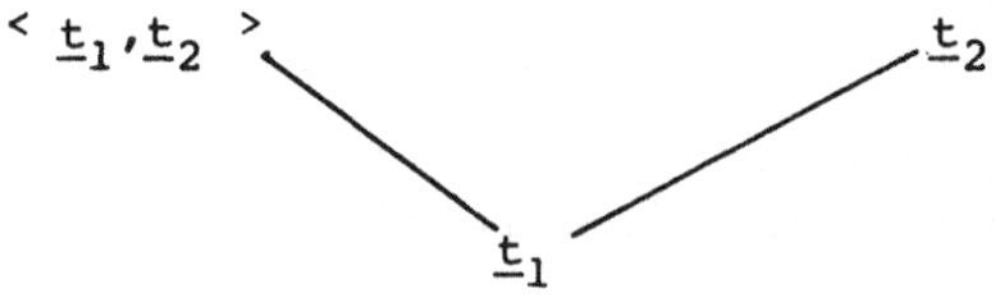

où l'opérateur σ peut être agencé avec l'opérande a pour construire l'expression complexe 'σa' de type $\underline{t}_1$.

Reprenons la phrase Alfred oublie son chapeau représentée par l'arbre catégoriel :

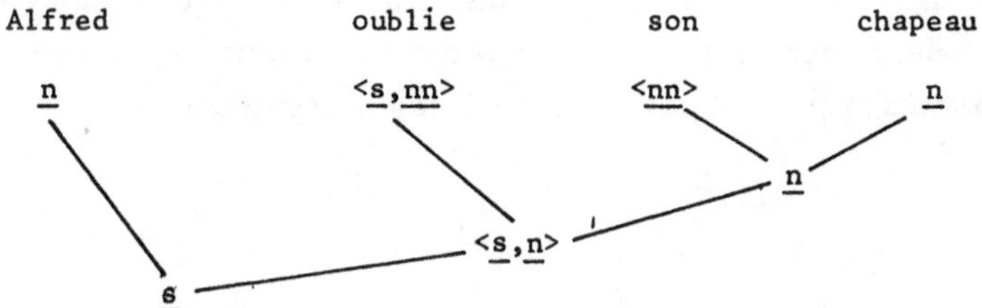

Cet arbre exprime bien la construction progressive de la phrase (Alfred (oublie (son (chapeau)))) par une structure prédicative emboîtée mettant en jeu un opérateur agencé avec une opérande. Il est canonique d'associer à un tel arbre catégoriel un arbre en constituants immédiats à savoir :

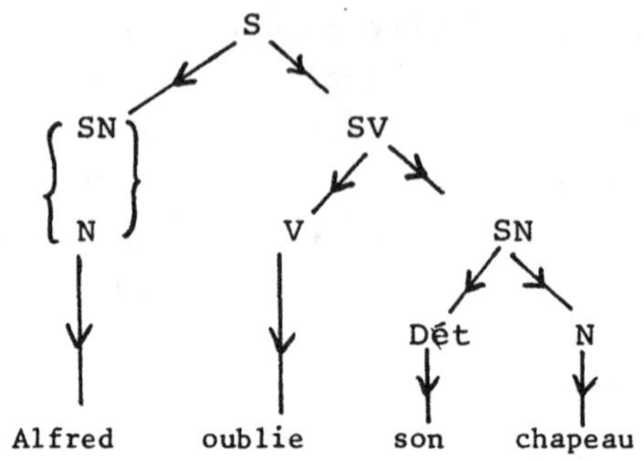

En effet, nous avons plus généralement :

<u>THEOREME :</u> *Toute grammaire catégorielle (G.C) est (faiblement) équivalente à une grammaire de type 2 (c'est-à-dire une grammaire non contextuelle).*

1.4. Arbres de dépendance

Pouvons nous maintenant donner des représentations métalinguistiques sous forme d'arbre, qui contrairement aux stemmas de Tesnière, contiendraient les mêmes informations grammaticales que celles qui sont présentes dans l'arbre catégoriel avec cependant quelques avantages supplémentaires.

Prenons l'arbre catégoriel de <u>Alfred oublie son chapeau</u> (voir plus haut). Nous lui associons immédiatement (nous ne donnons pas l'algorithme *) un arbre de dépendance dans lequel chaque noeud est un opérateur qui a pour opérande la suite de ses successeurs immédiats . (Voir figure page suivante).

* l'algorithme consiste à mettre en position de dépendance ce qui apparaît en position d'opérande : dans la suite analysée, l'opérateur "monte" par rapport à son opérande.

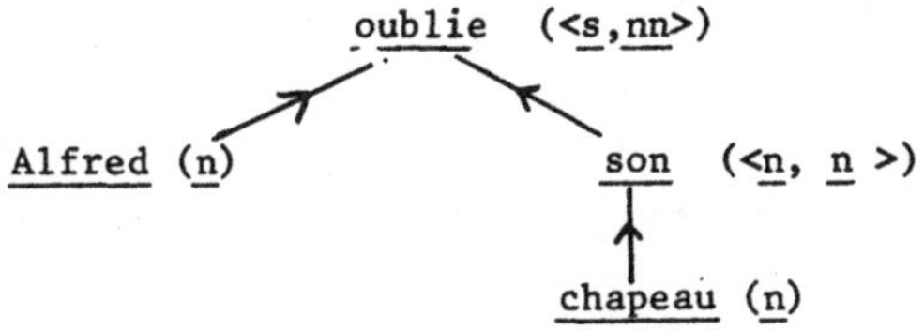

L'arbre de dépendance, ainsi défini, en distinguant les noeuds-opérateurs et les opérandes, présente des avantages manifestes.Définissons de façon informelle, l'arbre de dépendance:

Soit σ *un opérateur de type* $<t,t_1\ldots t_n>$, $<a_1,\ldots, a_n>$ *une opérande de type* $t_1 \ldots t_n$, *nous représentons l'action de* σ *sur* $<a_1,\ldots, a_n>$ *par un arbre ayant pour sommet l'opérateur* σ *et pour feuilles l'opérande* $< a_1,\ldots,a_n>$

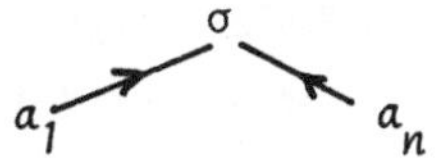

Nous disons que $< a_1,\ldots, a_n >$ *dépend de* σ . *Lorsque l'un des arguments* a_i *est un arbre de dépendance, l'arbre est également un arbre de dépendance.L'évaluation de l'arbre s'effectue "de bas en haut" en évaluant tous les sous-arbres de dépendance qui dépendent d'un opérateur.*

Chaque opérateur apparaît à un noeud non terminal de cet arbre. L'agencement de la phrase s'effectue alors en remontant alors l'arbre *de bas en haut* , un opérateur étant agencé avec les sous-arbres de dépendance qui sont sous lui.
L'agencement de cette phrase est analogue à l'agencement de l'expression arithmétique :

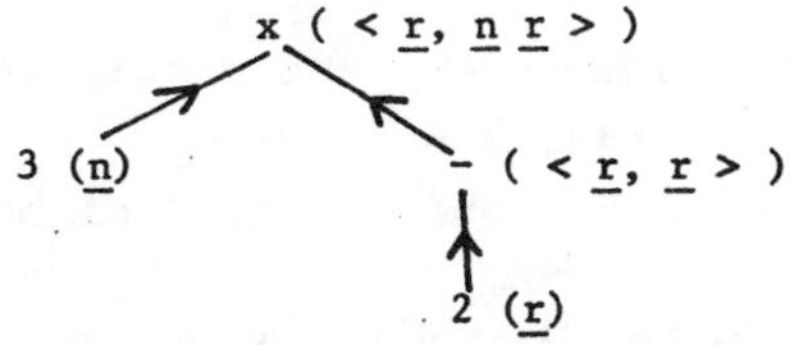

qui est construite en remontant de bas en haut, ce qui, conduit, comme on le sait, à l'expression bien parenthésée

(3 (x (- (2))))

(n et r sont ici les symboles qui désignent les sortes respectivement des entiers naturels et des réels). Il y a donc une analogie (très souvent exploitée) entre l'agencement des phrases, d'une part et l'agencement des expressions arithmétiques , d'autre part.

Considérons maintenant un exemple plus compliqué :
Alfred a oubli-é hier son chapeau où nous voudrions indiquer dans la représentation elle-même que :
- a - é est opérateur qui opère sur le verbe
- hier est co-occurrent à a...é au sens suivant : hier peut apparaître avec a...é et quelques autres marqueurs mais pas avec les marqueurs du présent ou du futur par exemple. Nous en déduisons la représentation métalinguitique sous forme d'un arbre catégoriel, en posant ; (u ≡ <s, n n > ; v ≡ <u,u >)

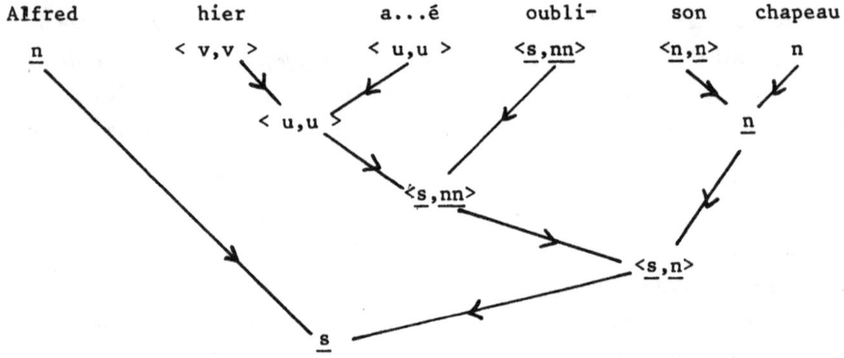

Cette représentation fait apparaître *la strucutre prédicative** de la phrase : chaque mot ou morphème est considéré comme un opérateur qui est agencé avec son opérande, un opérateur pouvant être opérande d'un autre opérateur. Ceci nous conduit

---

*l'action d'un opérateur σ sur une suite d'arguments < $a_1,\ldots,a_n$ > a conduit à des agencements formels qui sont généralement désignés par 'a_1 σ $a_2 \ldots a_n$'. Les agencements formels obtenus par positionnement sont très variables avec les langues. Nous n'entrerons pas ici dans le détail des positionnements.

à la structure bien parenthésée (ce qui n'est pas surprenant, étant donné le théorème précédent)

((Alfred) (((hier (a...é)) (oubli-)) (son (chapeau))))

En tant qu'opérateur, hier est agencé avec l'opérateur a...é et l'opérateur (complexe) qui en résulte est agencé à son tour avec l'opérateur binaire oubli- ; il en résulte l'opérateur (complexe) suivant :

'a oubli-é hier'

Par ailleurs, son est un opérateur qui est agencé avec l'opérande chapeau, d'où l'expression 'son chapeau'.
L'opérateur 'a oubli-é hier' est agencé à son tour avec le couple < Alfred, son chapeau > en deux étapes :

- construction de l'expression 'a oubli-é hier son chapeau' de type <s, n >
- construction de l'agencement final de type s

Considérons toujours : 'Alfred a oublié hier son chapeau'.
La représentation en arbre de dépendance de la phrase précédente est construite explicitement de façon à généraliser directement la représentation associée à Alfred oublie son chapeau en ayant les mêmes propriétés d'analogie avec l'arithmétique d'où l'arbre de dépendance suivant :

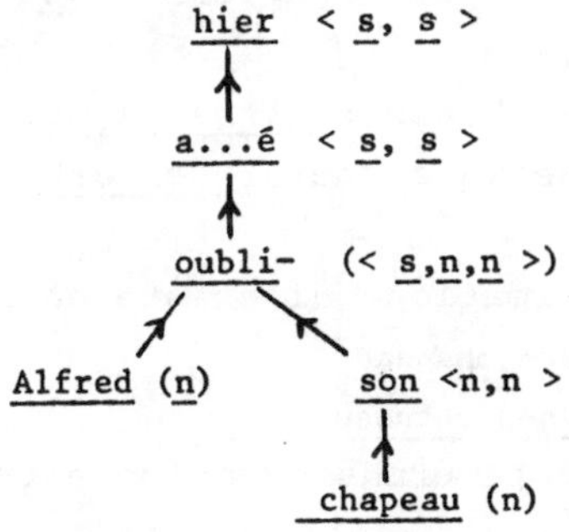

Nous n'avons pas les propriétés désirées.
En effet, nous pouvons bien concevoir l'agencement de la phrase comme résultant d'agencements construits "en remontant

l'arbre de bas en haut" mais , d'après notre analyse linguistique, l'agencement a...é hier n'est pas agencé avec le groupe agencé : 'Alfred oubli- son chapeau' mais uniquement avec le verbe oubli-; de même, hier est agencé uniquement avec a...é et non pas avec 'Alfred a oublié son chapeau' ce qui permet alors d'expliquer les contraintes de restitution évoquées ci-dessus. Comme nous avons attribué à a...é et à hier le même type <s,s> la représentation en arbre de dépendance n'est pas du tout incorrecte mais alors on ne peut pas expliquer pourquoi a...é en tant que morphème est attaché au verbe et pourquoi hier présente des contraintes de co-occurrence avec le morphème a...é.

Cette représentation inadéquate met en évidence un phénomène d'agencement qui n'apparaissait pas immédiatement dans l'arbre catégoriel. En effet, le terme hier est un opérateur qui est agencé avec un autre opérateur (le morphème a...é) de façon à définir un opérateur complexe : 'a...é hier' qui globalement en tant qu'opérateur complexe est agencé à son tour avec l'opérateur oubli-, d'où le nouvel opérateur complexe : a oublié hier. De même, l'opérateur son est agencé avec son opérande chapeau, d'où la nouvelle expression son chapeau qui est un argument de l'opérateur complexe a oublié hier.

Considérons toujours la phrase : Alfred a oublié hier son chapeau. Nous voudrions que la structure en arbre de dépendance puisse à la fois

(i) représenter la déformation qui existe entre :

Alfred oublie son chapeau

Alfred a oublié son chapeau

et donc représenter la transformation entre ces deux arbres de dépendance ;

(ii) conserver l'analogie avec l'arithmétique, c'est-à-dire que l'évaluation doit s'effectuer de "bas en haut" ;

(iii) permettre d'expliquer les contraintes de co-occurrences entre opérateurs.

En utilisant l'algorithme précédent ayant pour entrée l'arbre catégoriel de la phrase en question nous obtenons cette fois :

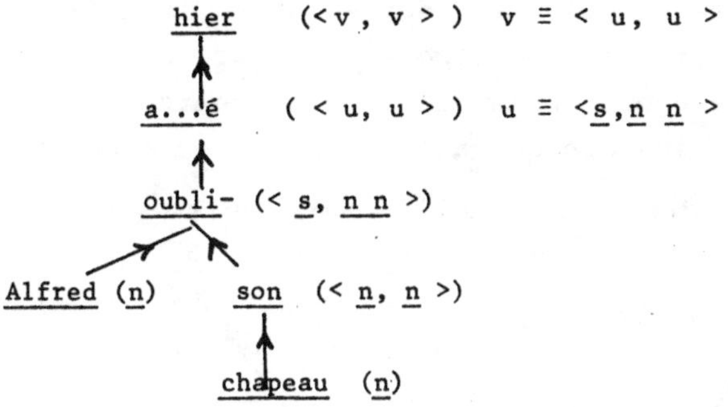

Cette représentation ne permet plus de concevoir l'agencement de la phrase comme résultant d'agencements formels construits "en remontant l'arbre de bas en haut" (exigence (ii)) puisque, d'après notre analyse linguistique, l'agencement 'a...é hier' n'est pas agencé directement avec le groupe agencé 'Alfred oublie son chapeau'. De même, hier est agencé directement avec 'a...é' (ce qui nous permet d'expliquer alors les contraintes de co-occurrences de hier) et non pas avec le groupe 'Alfred a oubli-é son chapeau' car alors on expliquerait plus difficilement ces contraintes.

En acceptant d'analyser a...é comme un affixe verbal (avec pour type < u,u > avec u le type d'un verbe) et hier comme modificateur d'affixe verbal(donc de type < v, v > avec v = < u, u >) nous ne pouvons plus poursuivre l'analogie avec l'arithmétique et l'évaluation de "bas en haut".Nous pouvons bien entendu renoncer à notre analyse et assigner à a...é et hier, la fonction de modificateur de phrase avec le type < s,s >. L'arbre de dépendance ainsi obtenu permettrait alors de rendre compte de la transformation entre l'arbre associé à Alfred oublie son chapeau et la phrase Alfred a oublié son chapeau(exigence (i)). De plus, l'exigence (ii) est bien satisfaite. Mais il faut alors renoncer à expliquer les contraintes de co-occurrence entre opérateurs et à chercher à éliminer :

* Alfred hier oublie son chapeau

Une troisième solution est également envisageable en attribuant à a...é et hier le même type <<s,n> , <s, n>>, c'est-à-dire en les considérant comme des modificateurs de prédicat. Ceci nous conduit aux arbres catégoriel et de dépendance suivants :

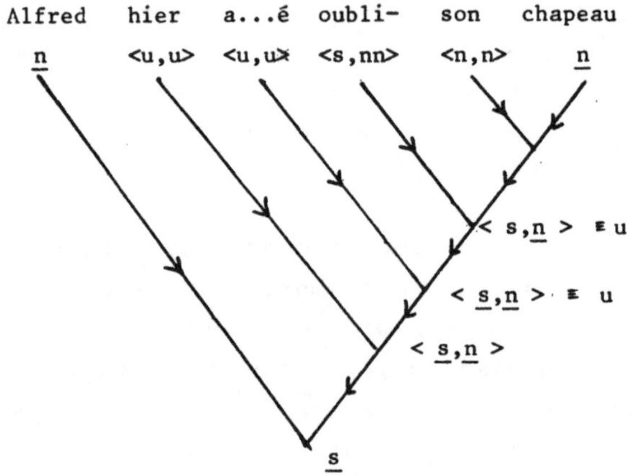

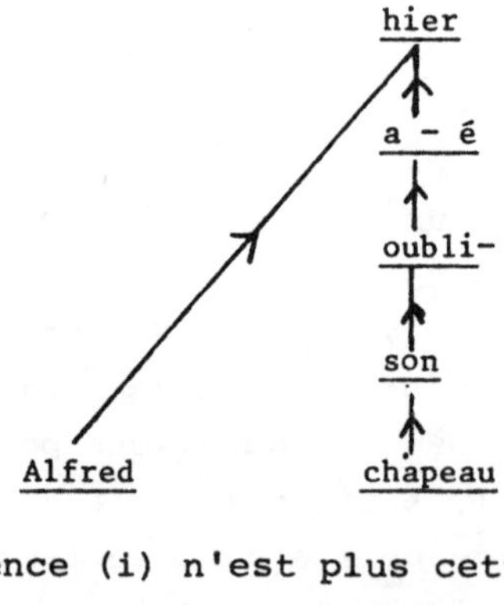

L'exigence (i) n'est plus cette fois-ci respectée, il n'est pas possible d'expliquer la relation entre Alfred oublie son chapeau et Alfred a oublié son chapeau.

Revenons maintenant à la seconde représentation de la phrase analysée en attribuant à 'a...é' et hier les types respectifs :

< u,u > avec u ≡ < s,nn >

< v,v > avec v ≡ <u,u>

Pour conserver l'analogie avec l'arithmétique, il faut bien considérer d'une part 'hier a...é' et d'autre part 'hier a oublié' comme des opérateurs complexes, qui doivent être considérés comme un tout. Il est donc nécessaire de construire séparément les opérateurs complexes avant de les reporter dans un arbre de dépendance évaluable de "bas en haut". La représentation de la phrase Alfred hier a oubli-é son chapeau est donc donnée par :

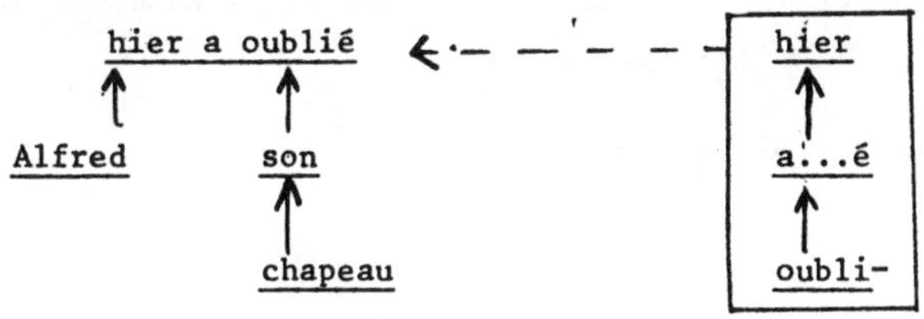

où le sommet de l'arbre de dépendance est un opérateur complexe. L'analogie avec l'arithmétique est conservée, l'arbre peut être évalué de "bas en haut".

Le lecteur aura reconnu dans cette approche l'usage que fait Z. Harris dans ses Notes du cours de syntaxe (Seuil,1976) de la notion opérateur/opérande. Pour formaliser son modèle, il faut pouvoir composer entre eux des opérateurs élémentaires de différents types pour obtenir des opérateurs complexes qui agissent ensuite sur des suites d'arguments (l'opérande de l'opérateur). Il est bien sûr nécessaire de vérifier l'accord entre le type de l'opérateur et celui des arguments.

1.5 Arbres Applicationnels

Introduisons la notion d'arbre applicationnel.

Soit σ un opérateur de type $< t,t_1...t_n >$ *et* $< a_1,...,a_n >$ *une opérande de type* $t_1...t_n$. *L'agencement (ou l'action*) de σ avec son opérande est représentable par un arbre dit applicationnel ayant pour sommet le résultat de l'agencement (ou de l'action de σ sur* $< a_1,...,a_n >$*, et pour terminaux, d'un côté l'opérateur σ et, de l'autre, l'opérande* $< a_1,...,a_n >$

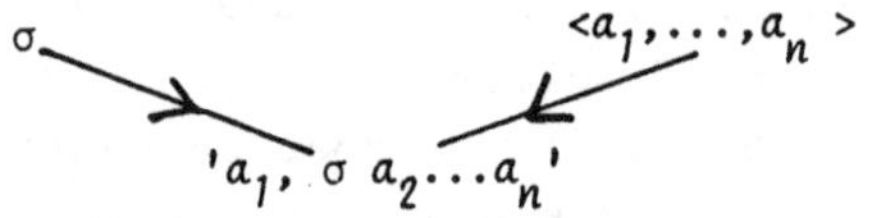

On représentera aussi souvent l'action de l'opérateur σ sur opérande en appelant l'opérande a et en désignant par b le résultat (en notant les types) :

$$\frac{\langle t_1,t_2\rangle : \sigma \qquad\qquad a : t_2}{b : t_1}$$

La représentation à l'aide de l'arbre applicationnel permet de de représenter dans la même structure à la fois la constitution des opérateurs complexes et les dépendances entre les constituants, tout en tenant compte des exigences (i), (ii), et (iii) exposées plus haut. L'arbre applicationnel résume à la fois les informations structurelles des arbres catégoriels et des arbres de dépendance (également des arbres en constituants).

La phrase Alfred a oubli-é hier son chapeau est donc représentée par l'arbre applicationnel (en omettant d'indiquer les types) :

---

* L'agencement formel de σ avec son opérande $< a_1,...,a_n >$ est une action particulière qui permet de construire progressivement les domaines.

a...é oubli-é

hier 'a oubli-é' son chapeau

'a oubli-é hier' 'son chapeau'

' a oubli-é hier son chapeau' Alfred

'Alfred a oubli-é hier son chapeau'

La notion d'arbre applicationnel fut introduite pas S.K. Shaumyan en 1972. En 1982, il propose une représentation qui serait la suivante pour la phrase analysée :

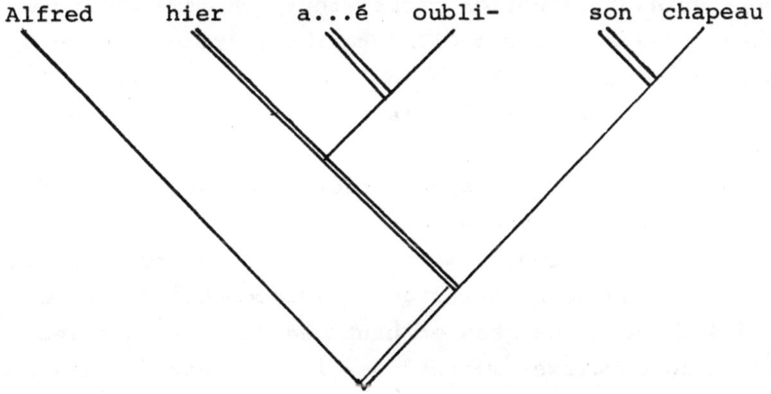

où les "arcs doublés" expriment l'opérateur (dans les arbres applicationnels élémentaires) par rapport à son opérande. Cette représentation -totalement équivalente à la précédente- met en évidence les opérateurs complexes et la façon dont peut s'évaluer l'arbre progressivement de "bas en haut".

2. ALGÈBRE D'ARBRES ET SUBSTITUTION

Nous avons vu que :

1) Les stemmas de Tesnière conduisent à une analyse linguistique qui n'est pas assez fine, voire erronée ;
2) Il était nécessaire d'introduire les types de façon à s'assurer d'une correction syntaxique ce qui nous conduisait au formalisme des grammaires catégorielles : à chaque analyse d'une phrase en termes de grammaire catégorielle correspond un arbre catégoriel composé d'opérateurs typés agencés avec des opérandes typées qui peuvent être soit des opérateurs soit des opérandes absolues. Un arbre de dépendance associé canoniquement à un arbre catégoriel n'est pas évaluable de bas en haut;
3) En introduisant la notion d'opérateur complexe obtenu en composant des opérateurs élémentaires entre eux, nous en déduisons la notion d'arbre applicationnel où, cette fois-ci, on peut considérer que l'agencement d'une phrase s'effectue en :
   - composant entre eux des opérateurs élémentaires de façon à obtenir des "opérateurs complexes locaux",
   - ces opérateurs complexes locaux formant un tout indécomposable, on peut considérer que l'agencement général de la phrase s'effectue de "bas en haut" en faisant agir les "opérateurs complexes locaux" sur les évaluations des sous-arbres.

Pour donner des analyses correctes de certains phénomènes observés, d'une part et pour conserver l'analogie avec l'évaluation arithmétique, d'autre part, il a fallu introduire :
- la notion de type
- la notion d'opérateur complexe et donc concevoir des opérations qui composent entre eux des opérateurs élémentaires.

Ceci nous introduit aux problèmes mathématiques suivants :

- Quelles sont les "bonnes" opérations qui permettraient de composer entre eux des opérateurs complexes ?
- Quelle devrait être l'algèbre de ces opérateurs complexes ?
- Quelle est la structure sous-jacente à la décomposition de chaque opérateur complexe ?
- La décomposition est-elle récursive ?
- Comment représenter chaque opérateur (complexe ou non) ?

2.1 Composition par substitution.

Nous allons présenter une première algèbre d'opérateurs.*
L'opération de composition la plus naturelle revient à substituer un opérateur à une place d'opérande de façon à en déduire un opérateur dérivé.

Chaque opérateur est caractérisé par un nom et par un type. Désignons par Σ un ensemble d'opérateurs élémentaires (interprétables par des opérateurs prédicatifs ou des prédicats d'un certain type par exemple). La donnée de l'ensemble Σ et d'une famille de domaines de différentes sortes permet de définir des opérations associées aux opérateurs et définies sur les domaines.

Un opérateur σ est caractérisé par $< v, < \underline{s}, \mu > >$ où v est son nom et $< s, \mu >$ son type (fonctionnel)**

Une opération $\sigma^{\bullet}$ associée à σ est une application :

$$X^{\mu} = X^{s_1} \times \ldots \times X^{s_n} \longrightarrow X^{s}$$

* Il est évident qu'il existe plusieurs modes de composition des opérateurs, nous y reviendrons plus bas.

** $s \in S$ où S est l'ensemble des sortes. M est le monoïde libre engendré par S dont le neutre est λ. La longueur d'un mot μ de M est notée $\underline{l}$ (μ).

sachant que :

$\mu = s_1 \ldots s_n$ est un mot du monoïde M

$X^s, X^{s_1}, \ldots X^{s_n}$ sont des ensembles (domaines) de sortes respectives $s, s_1 \ldots s_n$

Associer une opération σ à un opérateur σ,c'est se donner un domaine, un codomaine et une correspondance fonctionnelle.

Une <u>Σ-algèbre</u> est la donnée d'une famille d'ensembles $X^{(s)}$ de différentes sortes et d'un ensemble d'opérations élémentaires associées aux opérateurs de Σ.

Chaque opérateur σ de Σ est représentable par un "arbre" élémentaire de la forme :

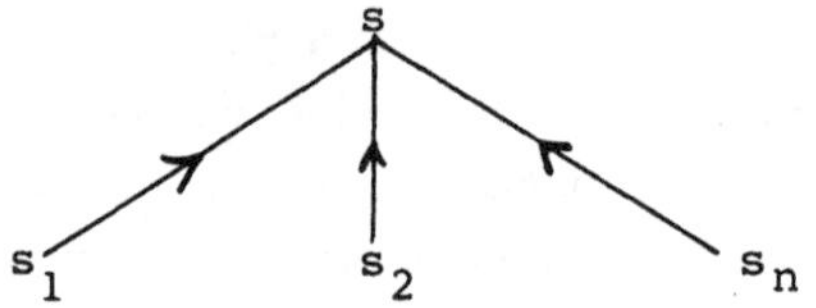

lorsque σ est catactérisé par $< v, < s, \mu >>$ avec $\mu = s_1 \ldots s_n$
Nous allons considérer maintenant une famille très particulière d'ensembles puisque cette famille sera directement construite à partir des noms des opérateurs. Plus précisément, désignons par V le vocabulaire des vocables des <u>noms des opérateurs</u>. Puisque chaque opérateur de Σ a un type, nous en déduisons une application τ (dite <u>typante</u>) de V dans l'ensemble des parties de S × M (S est l'ensemble des <u>sortes</u> primitives et M le monoïde libre de base S). Un opérateur <u>o-aire</u> a pour type $< s, \lambda >$ (λ désigne le neutre du monoïde M).
La famille qui nous intéresse, désignée par $x^{(s)}$, est définie par les règles suivantes :

(*i*) <u>*si*</u> $\tau(v) \ni < s, \lambda >$ <u>*alors*</u> $v \in x^s$

(*ii*) <u>*si*</u> $\tau(v) \ni < s, \mu >$ <u>*et*</u> <u>*si*</u> $< x_1 \ldots x_n > \in x^{s_1} \times \ldots \times X^{s_n}$ <u>*alors*</u>
$v\,[\,x_1, \ldots, x_n] \in x^s$.
(*les symboles* [*et*] *sont supposés ne pas appartenir à V*)

Chaque élément de la famille $x^{(s)}$ est une expression formelle construite directement à partir des opérateurs élémentaires de Σ en agençant les noms des opérateurs élémentaires selon les contraintes relatives, d'une part, à la compatibilité des types et, d'autre part, aux règles qui agencent formellement un nom avec les expressions formelles déjà construites.

Chaque élément x de $x^{(s)}$ peut alors être considéré comme le nom canonique d'un opérateur d'un ensemble clôturé d'opérateurs dérivés de Σ. Un tel opérateur σ est défini et caractérisé par son nom qui appartient au monoïde libre engendré par V ∪ {],[}, ce nom est engendré par une grammaire non contextuelle déduite directement des règles (i) et (ii) ci-dessus ; le type de l'opérateur σ dépend directement de "l'histoire" de sa formation.Chaque opérateur σ, ainsi défini, est également représentable par un "arbre". Désignons par A [Σ] l'ensemble de tous les opérateurs élémentaires et dérivés ainsi construits et par abus de langage des "arbres" représentatifs.

Nous allons "faire de A [Σ]" une Σ-algèbre en faisant opérer les opérateurs de Σ sur les opérateurs dérivés de A[Σ] de façon à obtenir d'autres opérateurs dérivés qui appartiendront également à A [Σ]. Pour définir une Σ-algèbre, il faut se donner des opérations que nous définissons ainsi :

(iii) *si* *σ est un opérateur 0-aire de Σ caractérisé par* $\langle v, s, \lambda \rangle$
alors : $\sigma : \emptyset \longrightarrow A[\Sigma] : (\ ) \longmapsto v$

(iv) *si σ est un opérateur de Σ caractérisé par* $\langle v, s, \mu \rangle$
(avec $\underline{1}(\mu) = n$*) et si* $\langle t_1, \ldots, t_n \rangle$ *est un n-uple d'éléments de* $A[\Sigma]^n$ *alors :*

$$\sigma^\bullet : A[\Sigma]^n \longrightarrow A[\Sigma]$$
$$\langle t_1 \ldots t_n \rangle \longmapsto t$$

où t est *canoniquement associé* *au nom x de la forme :*
$v [\ x_1 \ \ldots \ x_n\ ] \in x^{(s)}$
sachant que $x_1, \ldots, x_n$ *sont les noms canoniques des éléments* $t_1 \ldots t_n$.

Nous en déduisons aussitôt une Σ-algèbre notée $\underline{A}$ [Σ]où les opérations sont directement associées aux opérateurs de Σ. Ces opérations en agissant sur les arbres de A[Σ] construisent formellement de nouveaux arbres de A [Σ].
Enonçons le théorème suivant :

<u>THÉORÈME</u> : *La Σ-algèbre $\underline{A}$ [Σ] est "initiale" dans la catégorie des Σ-algèbres.*

Que signifie ce théorème ? Nous le verrons plus loin.
On voit comment on peut définir entre deux Σ-algèbres (ayant même ensemble Σ d'opérateurs !) un Σ-homomorphisme. Un tel Σ-homomorphisme est une application entre les familles sous-jacentes qui commute avec les opérations des Σ-algèbres. On en déduit aussitôt une catégorie, la catégorie notée $\underline{\underline{\text{Alg}}}$ [Σ] des Σ-algèbres dont les flèches sont des Σ-homomorphismes. Dire que $\underline{A}$ [Σ] est initiale dans cette catégorie $\underline{\underline{\text{Alg}}}$ [Σ] cela revient à dire que pour toute Σ-algèbre $\underline{A}$, d'ensemble sous-jacent A, il existe un Σ-homomorphisme $\bar{u}$, unique qui étend toute application u qui spécifierait des éléments distingués dans A pour les opérations élémentaires.

Si u associe à chaque opérateur σ de Σ le résultat de l'opération σ dans la Σ-algèbre $\underline{A}$, alors il existe une extension G($\bar{u}$) de u, qui associe à tout "arbre" de A [Σ] le résultat dans l'ensemble A, de l'opération déduite directement de "l'arbre", selon les diagrammes (où η est l'injection canonique) :

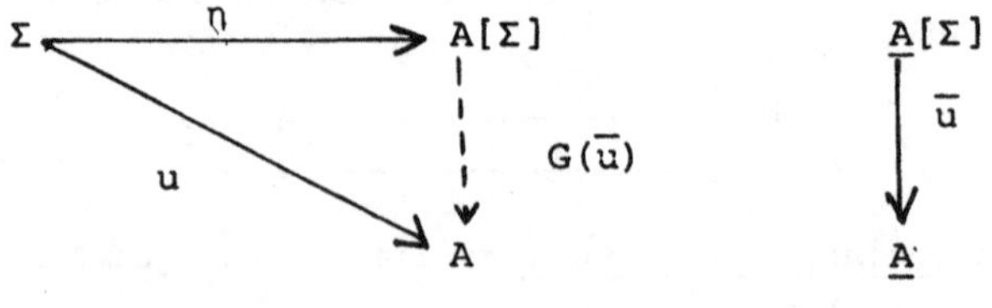

$\underline{A}[\Sigma]$ est appelée <u>algèbre libre engendrée par Σ</u> et son ensemble sous-jacent est A $[\Sigma]$.
Un élément de A $[\Sigma]$est appelé <u>arbre-opérateur</u> ou simplement "arbre".

Etendons la construction esquissée en introduisant des variables de différentes sortes.
Désignons par :

$$X_\mu = \{ x_1 , s_1 .. x_{n,s_n} \}$$

un ensemble fini de variables de sortes assignées et distinctes entre elles. Comme précédemment, nous en déduisons un ensemble d'arbres A $[\Sigma](X_\mu)$ dont les terminaux sont étiquetés avec des opérateurs O-aires ou des variables de X_μ , cet ensemble est l'ensemble sous-jacent de l'algèbre libre $\underline{A}[\Sigma](X_\mu)$ construit de façon légèrement analogue à A $[\Sigma]$(voir ci-dessus).

Une <u>assignation</u>* est la donnée d'une application a de X_μ dans l'ensemble sous-jacent A d'une Σ-algèbre donnée $\underline{A}$: à chaque variable de sorte assignée l'application a associe une valeur de A de même sorte.
Un arbre t de A $[\Sigma](X_\mu)$ peut alors <u>être évalué dans la Σ-algèbre A</u> à partir de l'assignation a.

Chaque arbre t de A $[\Sigma](X_\mu)$ est identifié à une application notée également t, de $\{ x_s \}$ dans A $[\Sigma](X_\mu)$, qui à la variable x_s, de sorte s, substitue l'arbre , de sorte s, de A$[\Sigma](X_\mu)$.

Nous en déduisons alors le <u>diagramme de l'évaluation de t dans A</u> :

---

* l'<u>assignation</u> revient à interprêter les variables en leur attribuant des valeurs du domaine d'assignation.

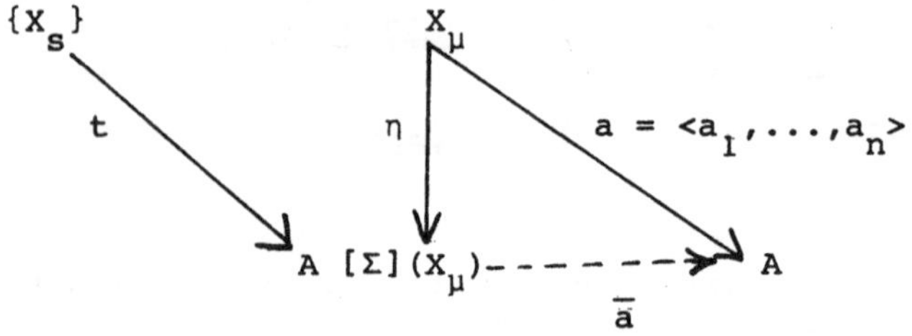

où $\bar{a}$ est l'application qui étend l'application d'assignation a : à l'arbre t, elle fait correspondre, dans A, l'évaluation de l'arbre t. Si donc $t^{\bullet}$ est l'opération associée à t considéré comme un opérateur complexe on a :

$$t^{\bullet}\ (<a_1\ ,\ldots,\ a_n>)\ \equiv\ t^{\bullet}\ (a)\ =\ \bar{a}(t)$$

L'élément $\bar{a}$ (t) est le résultat de l'opération dérivée $t^{\bullet}$ exécutée dans la Σ-algèbre $\underline{A}$ en évaluant l'arbre t de "bas en haut" pour l'assignation a.

Soit $\nu = s_1 \ldots s_p$ et $\mu = s'_1 \ldots s_m$ deux mots du monoïde de M. Un élément t de $A[\Sigma](X_\mu)^\nu$ est un p-uple d'arbre de $A[\Sigma](X_\mu)$ (dit aussi p-forêt). De même l'élément t' de $A[\Sigma](X_\rho)^\mu$ est un m-uple d'arbre (ou m- forêt). Nous en déduisons aussitôt l'opération de substitution simultanée, notée ←, comme une application :

$$A\ [\Sigma]\ (X_\mu)^\nu \times A\ [\Sigma]\ (X_\rho)^\mu \longrightarrow A\ [\Sigma]\ (X_\rho)^\nu \qquad <t,t'> \longmapsto t'' = t \leftarrow t'$$

où l'élément t" est défini à l'aide du diagramme commutatif :

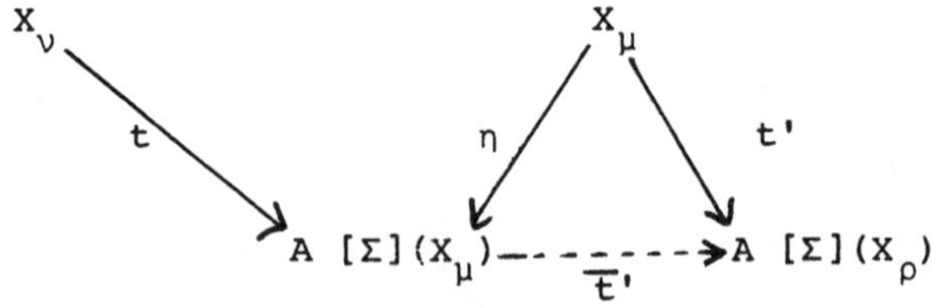

où $\bar{t}'$ est l'application qui étend, de façon unique, l'application t' et dont l'existence est assurée par le fait que $A\ [\Sigma](X_\mu)$ est l'ensemble sous-jacent de l'algèbre libre $\underline{A}\ [\Sigma](X_\mu)$ et $A\ [\Sigma]\ (X_\rho)$ l'ensemble sous-jacent de la Σ-algèbre

$\underline{A}$ [Σ] (X_ρ).

Intuitivement, t est un p-uple d'arbres (si ν a pour longueur p) ayant leurs variables dans X_μ , t' est un m-uple d'arbres ayant leurs variables dans X_ρ (si μ a pour longueur m) ; l'élément t" est alors un p-uple d'arbres ayant leurs variables dans X_ρ . L'élément t" est obtenu en substituant les arbres de t' aux variables des arbres de t et cela dans le même ordre et simultanément.

On vérifie que l'opération de substitution, lorsqu'elle est définie, est associative.

L'évaluation simultanée dans $\underline{A}$, d'un p-uple d'arbres est alors définie par le diagramme :

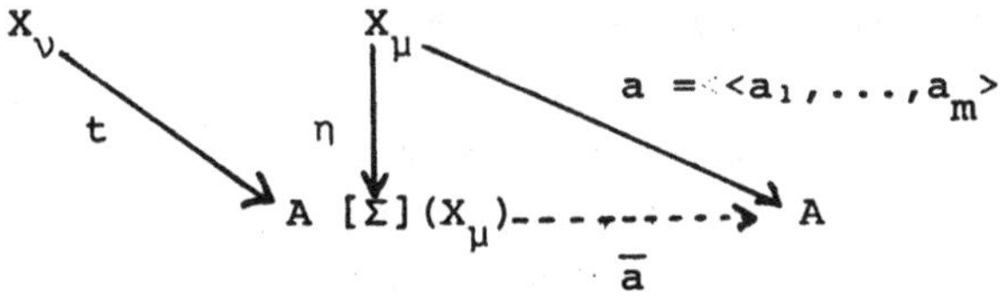

avec $t^\cdot$ (a) ≡ $\bar{a}$ (t)
L'élément $\bar{a}$ (t) est un p-uple de A, résultat de l'évaluation simultanée. En fait, dans $\underline{A}$, $t^\cdot$ est une multiopération qui est associée au p-uple d'opérateurs dérivés t (ou p-forêt).
Cette multiopération $t^\cdot$ associe à un m-uple de valeurs $<a_1,...,a_m>$ un p-uple de résultats $< a'_1,...,a'_p >$ où chaque résultat a'_j (j = 1, 2,...,p) est tel que l'on a :

$$a'_j = t^\cdot_j \ (< a_1,...,a_m >)$$

2.2 Syntaxe abstraite et sémantique

Interprétons maintenant le résultat énoncé dans le théorème énoncé précédemment.
La syntaxe est caractérisée par l'algèbre initiale $\underline{A}$ [Σ].
Elle constitue une "syntaxe abstraite" qui est indépendante

tivement constestable , surtout dès que l'on introduit des phénomènes de thématisation comme :

Jean , son père, il est ministre

Jean, sa chemise, elle est froissée

Pierre, sa chemise, il l'a déchirée.

Dans les modèles syntagmatiques non contextuels, la réécriture est une substitution particulière qui consiste à substituer à une feuille U (d'une certaine sorte) d'un arbre (un sommet isolé peut être considéré comme un arbre particulier) un autre arbre élémentaire. Toute règle de réécriture :

$$U \longrightarrow Y_1 \dots Y_n$$

est représentée par un arbre opérateur :

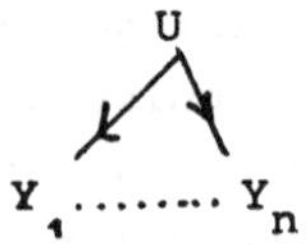

Un arbre de dérivation t est construit progressivement en substituant à la feuille étiquetée U l'arbre qui correspond à la règle de réécriture. A chaque grammaire "context free", on associe canoniquement un ensemble Σ d'arbres opérateurs élémentaires (de différents types*), tout arbre de dérivation est un arbre de l'algèbre libre $\underline{A}$ [Σ].

Les modèles catégoriels, la partie syntaxique des grammaires de Montague, les modèles de dépendance, les modèles syntagmatiques sont tous formalisés adéquatement dans le cadre des algèbres d'arbres. De même, cette algèbre est le cadre fondationnel adéquat pour la description du système (et non

---

* Les sortes de S, qui engendrent les types, correspondent ici aux symboles métalinguistiques du vocabulaire auxiliaire. Nous laissons au lecteur le soin de s'assurer que tout arbre de dérivation d'un langage algébrique est un arbre de $\underline{A}$ [Σ] pour un certain Σ.

du langage*) génotype de Shaumyan ou encore du système opérateur / opérande de Z. Harris**.
C'est encore dans le cadre algébrique des arbres que l'on peut formuler mathématiquement les modèles transformationnels (de Chomsky, Harris, Mel'čuk). Une grammaire transformationnelle GT comprend nécessairement la donnée d'un triplet $< B, \rightarrow, \mathcal{C} >$ où B est une partie de A [Σ], $\mathcal{C}$ une partie de A [Σ]et où ' → ' est un préordre de déduction sur A [Σ]
En général, le préordre est engendré par un ensemble de transformations entre arbres de A [Σ], chaque transformation étant déterminée à partir d'un nombre fini de schémas. Les arbres de B correspondent aux "arbres profonds", ceux de $\mathcal{C}$ correspondent aux arbres terminaux ou "de surface". La plupart du temps, B est une partie de A [Σ'] avec $\Sigma' \subset \Sigma$***.

En fait, l'algèbre d'arbres permet de modéliser les systèmes de représentation foncièrement taxinomiques. Chaque arbre (catégoriel, de dépendance, syntagmatique) est une organisation structurelle des différentes classifications de la phrase représentée. Un tel arbre est en fait une hiérarchie de partitions (de schémas d'objets empiriques) plus ou moins fines. Dans un modèle transformationnel, le préordre de transformation relie un découpage classificatoire à un autre découpage classificatoire.

Tous les modèles transformationnels (par exemple la grammaire applicationnelle de Shaumyan, ou encore le modèle transforma-

*Le langage génotype est une partie du système génotype. Le langage est engendré à partir d'axiomes et de règles déductives qui mettent en jeu les combinateurs de la logique combinatoire.
**Dans les systèmes harrissiens, il faut introduire des opérateurs d'identification entre les noeuds des arbres, ce qui rend le modèle plus complexe et donc pas entièrement réductible à ce cadre algébrique.
***Dans notre article avec M.C. Barbault "Vers une formalisation des grammaires transformationnelles", Math.& Sc. Hum.,n°34, 1971, le lecteur verra une formalisation algèbrique du modèle transformationnel de N. Chomsky.

tionnel "noyau K + transformations" (1968) de Harris* sont-ils descriptibles dans une algèbre d'arbres? Le modèle "sens texte" de Mel'čuk fait par exemple appel, pour sa structure la plus profonde, à des graphes (en fait des graphes sans circuit). De même la grammaire relationnelle de Postal et Johnson opère sur des graphes non arborescents (en fait là encore des graphes sans circuit).

3.AUTRE MODE D'AGENCEMENT DES OPERATEURS : L'INTRICATION

Etant donné des arbres élémentaires d'un ensemble Σ , nous avons vu que la façon la plus simple de les composer consistait à substituer des arbres aux feuilles d'autres arbres. Nous sommes alors dans ce que les logiciens ont appelé l'Univers de Herbrand et que nous avons décrit sous le terme "d'algèbre d'arbres".

Pouvons-nous concevoir d'autres modes de composition d'opérateurs (et plus généralement d'arbres) qui seraient motivés par des problèmes linguistiques ?
De plus, pouvons-nous maintenir, avec ce type de composition la distinction entre opérateur, d'un côté et opération de l'autre, ce qui nous avait conduit à mieux saisir la distinction syntaxe/sémantique ?

3.1 Motivations linguistiques

Nous pourrions montrer que de très nombreux problèmes linguistiques nécessitent des modes d'agencement plus complexes que les modes par substitution. Nous n'en traiterons pas ici et renvoyons le lecteur à d'autres articles**.

---

*cf. une description mathématique dans nos deux articles "Systèmes transformationnel de Harris", T-a informations n°1 et 2, 1975. Les structures sous-jacentes aux opérateurs ne sont pas des arbres.

**En particulier à A. Culioli et J.P. Desclés : "Traitement Formel des Langues Naturelles" Mathématiques et Sciences Humaines, 1982.

Les phénomènes auxquels nous pensons sont, entre autres, les procédures anaphoriques, la formalisation de la thématisation, les phénomènes de redoublement*... De plus, la modélisation mathématique de nombreux modèles ne fait pas appel aux structures arborescentes mais à des structures hiérarchiques acycliques plus complexes.

3.2 Définition non formelle de l'intrication

Nous avons été amenés à proposer** un autre mode d'agencement des opérateurs que nous avons qualifié de mode par intrication. Le terme nous a été suggéré par A. Lentin. Nous n'en donnerons pas ici une caractérisation formelle. L'opération de composition par intrication, notée $\otimes$, agence entre eux des opérateurs-arbres et les fait opérer "en parallèle et simultanément" sur un même uple de données. Donnons en une caractérisation intuitive à partir d'un exemple.

Considérons deux arbres-opérateurs σ_1 et σ_2 de types respectifs :

$$< s, s_1, \ldots s_n >$$
$$< s', s_1, \ldots s_n >$$

et représentés par :

*exemples : anaphores : Jean est ici, il te demande...;thématisations : Jean, il est à Paris / Il y a Jean qui est à Paris / C'est Jean qui est à Paris ; redoublement : Jean lui donne un livre / Jean, il le lui donne son livre à Pierre ... etc.

**En 1971, d'abord dans notre publication avec M.C. Barbault Transformations formelles et théories linguistiques, Dunod, 1972. Nous avons repris systématiquement ce problème dans notre thèse d'état en mathématiques : Opérateurs/opérations : méthodes intrinsèques en informatique fondamentale, Univ. R. Descartes, Paris, 1980.

L'intrication de σ_1 avec σ_2 , notée ' $\sigma_1 \boxtimes \sigma_2$ ' est représentée par le graphe (sans circuit) :

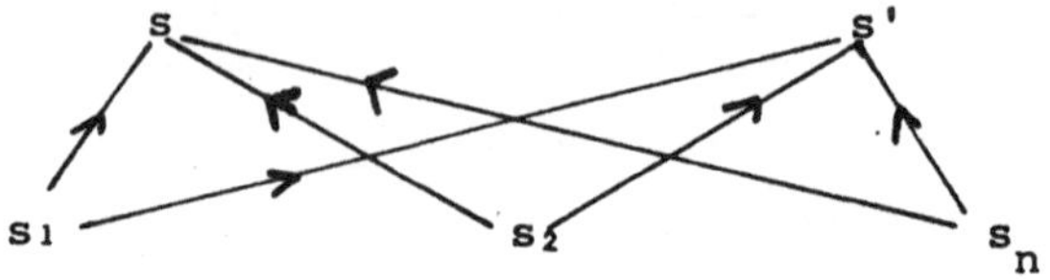

Ce graphe représente un multiopérateur (complexe). Le multiopérateur $\sigma_1 \boxtimes \sigma_2$, ainsi agencé apparaît comme une généralisation de l'opérateur.Nous pouvons associer à ce multiopérateur $\sigma_1 \boxtimes \sigma_2$ une multiopération $(\sigma_1 \boxtimes \sigma_2)^{\cdot}$ définie canoniquement à partir des opérations σ_1 et σ_2 associées aux opérateurs σ_1 et σ_2 .

Si $\sigma_1^{\cdot}$ et $\sigma_2^{\cdot}$ sont des applications

$$\sigma_1^{\cdot} : X^{s_1} \times \ldots \times X^{s_n} \longrightarrow X^{s}$$
$$\sigma_2^{\cdot} : X^{s_1} \times \ldots \times X^{s_n} \longrightarrow X^{s'}$$

alors $(\sigma_1 \boxtimes \sigma_2)^{\cdot}$ est une application :

$$(\sigma_1 \boxtimes \sigma_2)^{\cdot} : X^{s_1} \times \ldots \times X^{s_n} \longrightarrow X^{s} \times X^{s'}$$
$$a \longmapsto \langle \sigma_1^{\cdot}(a), \sigma_2^{\cdot}(a) \rangle$$

L'opération d'intrication $\boxtimes$ est une <u>composition intrinsèque</u> en ce sens qu'elle permet de <u>composer des opérateurs indépendamment de l'action des opérateurs sur les données</u>.

Cette opération a des propriétés algébriques que nous ne détaillons par ici.

<u>3.3 Ensemble des multiopérateurs</u>.

En prenant pour primitifs les deux modes de composition par substitution et par intrication nous engendrons à partir de l'ensemble Σ des opérateurs élémentaires un ensemble $T[\Sigma]$

de multiopérateurs*.
L'ensemble T [Σ] est récursivement construit. De plus, c'est l'ensemble des flèches d'une catégorie $\underline{\underline{T}}$ [Σ] (à co-produits finis) dont les objets sont les mots μ , ν ...du monoïde libre M engendré par les sortes (de S) des entités considérées.
La catégorie $\underline{\underline{T}}$[Σ] est -on le démontre- librement engendrée à partir de Σ .
$\underline{\underline{T}}$ [Σ]étant une catégorie, par un foncteur (contravariant) on fait correspondre à chaque multiopérateur σ de T[Σ] une multiopération $\sigma^{\cdot}$ c'est-à-dire une application entre produits cartésiens d'ensembles.
Dans T [Σ] , ensemble de multiopérateurs, on agence et organise syntaxiquement les opérateurs sous des modes plus complexes que la substitution. Le foncteur contravariant :

$$\underline{A} : \underline{\underline{T}}\ [\Sigma] \longrightarrow \underline{\underline{Ens}}^{M}$$

de la catégorie $\underline{\underline{T}}$[Σ] dans la catégorie $\underline{\underline{Ens}}^{M}$ des ensembles (indicés sur M) qui associe à chaque multiopérateur une multiopération, détermine l'interprétation sémantique des multiopérateurs. On en déduit la notion de T [Σ]-algèbre qui généralise directement la notion de Σ-algèbre**
La distinction opérateur /opération est alors étendue aux multiopérateurs/ multiopérations. Le mode d'agencement par intrication, de nature syntaxique, reste intrinsèque c'est-à-dire indépendant de toutes les interprétations.

---

*En fait on adjoint à Σ des co-projectifs qui permettent de permuter les arguments d'un opérateur, d'étendre sa portée, de dupliquer un argument, d'effacer.... Les coprojectifs sont stables sous les deux opérations de composition.

**La notion de T[Σ] -algèbre a été introduite par F.W. Lawvere (Functional Semantics of Algebraic theory, P.N.A.D, 50, 1963) et généralisée dans le cadre catégorique par J. Benabou (Structures algébriques dans les catégories, cahiers de topologie et géométrie différentielles,vol X,1,1968) . Nous avons cherché dans notre travail (o.c) à en donner une caractéristique plus constructive.

4. OPÉRATIONS CONSTITUTIVES D'ÉNONCÉS.

Les quelques pages qui précédent ont cherché à montrer à partir d'un concept linguitique central -celui de l'agencement des termes linguistiques dans la phrase- comment on peut essayer de définir un cadre mathématique adéquat à l'expression de ce concept. Alors que les algèbres d'arbres sont suffisantes pour traiter les modes d'agencement par substitution (donc tous les phénomènes d'imbrications récursives de relative par exemple*) il existe de nombreux phénomènes linguistiques -que nous avons seulement mentionnés ici- et certains modèles linguistiques ** qui ne peuvent pas être formalisés adéquatement dans ce cadre algébrique. Pourtant, l'algèbre d'arbres mettait en évidence d'un côté le domaine du syntaxique conçu comme les règles d'agencements intrinsèques des opérateurs et des opérandes et d'un autre côté le domaine du sémantique conçu comme les règles d'interprétation mettant en jeu des opérations, c'est-à-dire des processus opératoires où le programme, qui est décrit par les agencements syntaxiques entre opérateurs et opérandes, est exécuté. Si l'on se restreint aux modèles arborescents, le programme associé à la description d'une phrase doit être entièrement descriptible dans l'univers de Herbrand. L'exécution (tout en étant guidée par le programme syntaxique) de ce programme fait appel à des univers sémantiques, elle est alors décrite dans une sémantique algèbrique,

---

* Dans les modèles chomskyens de 1955-1978, la notion d'imbrication récursive a joué un rôle central, c'est elle qui est à la source de la distinction compétence /performance.

**On peut s'interroger sur le statut de la notion de c-commande dans l'appareil chomskyen : ne remet-elle pas en cause la notion même d'arbre pourtant centrale - du moins en apparence- dans le dispositif des grammaires transformationnelles ?

En généralisant les algèbres d'arbres $\underline{A}[\Sigma]$ aux T [Σ]-algèbres*, il devient très facile de
(a) formaliser des phénomènes d'agencement qui ne sont plus appréhendables par le simple mécanisme de substitution -ou des mécanismes équivalents ;
(b) de constituer des opérateurs complexes qui pourront agir sur des opérandes en parallèle et simultanément à d'autres opérateurs ;
(c) de conserver la distinction multiopérateur/multiopération à la source, selon notre approche, de la dualité syntaxe/sémantique.

Nous disons que la syntaxe est le domaine des agencments formels définis par des modes de composition intrinsèques, c'est-à-dire des 'opérations constitutives' d'énoncés**. Ces agencements conduisent à des programmes que l'auditeur -qui peut être également le locuteur lorsqu'il interprète sa propre production- doit exécuter pour construire la valeur c'est-à-dire le résultat de l'exécution du programme proposé. L'exécution met alors en jeu des domaines d'interprétation et également des opérations et multiopérations qui construiront les valeurs référentielles de l'énoncé. Si l'on adopte notre point de vue, l'énoncé apparaît alors comme un programme*** où sont

---

* Chaque multiopérateur σ de T[Σ] n'est plus représenté alors par un arbre mais par une structure hiérarchique acyclique plus générale que nous avons appelée 'treille'.

** Les modes d'agencement par substitution et intrication sont des opérations constitutives des agencements formels présents dans les énoncés. Mais il existe d'autres opérations constitutives comme les liens d'identification (représentatifs des procédures anaphoriques par exemple) entre une place d'argument inséré dans une relation prédicative et sa valeur (l'antécédent du pronom).

*** Les opérations constitutives d'énoncés consistent à agencer entre eux des opérateurs (prédicatifs et énonciatifs) élémentaires puis ces opérateurs complexes ou schémas de programme avec des opérandes absolues, d'où le programme représenté par l'énoncé.

agencés, par différents modes de composition, des opérateurs élémentaires et des opérandes. Ce programme est proposé à l'auditeur qui doit l'exécuter pour trouver la (ou les-lorsque l'énoncé est ambigu) valeur(s) de l'énoncé.

5. LINGUISTIQUE MATHÉMATIQUE

Nous avons développé, dans cet article, un exemple de mathématisation d'un concept linguistique, en ayant recours au langage de l'algèbre universelle et à celui des catégories. Pour mathématiser d'autres concepts, par exemple ceux qui sont relatifs aux catégories grammaticales, il serait nécessaire de faire appel au langage de la topologie générale*. Une formalisation plus globale de la sémantique ferait sans doute appel aux topologies de Grothendieck et aux théories des topoi de Lawvere-Thierney. Nous n'en parlerons pas ici.

Si nous examinions les propriétés de certains systèmes métalinguistiques conçus comme de véritables systèmes "d'écriture conceptuelle", nous serions amenés alors à les rapprocher des systèmes de notations mis au point par Frege , développés par Church (λ-calcul, par exemple) puis utilisés de façon totalement intrinsèques dans le cadre de la logique combinatoire par Curry. Nous verrions alors que ces systèmes ont quelque rapport avec les $T[\Sigma]$ -algèbres** ce qui n'est pas étonnant, du reste, puisque ceux-ci visent à cerner la nature intrinsèque des agencements formels représentatifs d'opérations sémantiques.

---

* voir par exemple notre article "Construction formelle de la catégorie grammaticale de l'aspect" , La notion d'aspect, Klincksieck, 1980, ou encore "Mathématisation des concepts linguistiques" Modèles linguistiques, 1, 1981.

** Cette relation entre logique combinatoire, λ-calcul et algèbre a été ébauchée par J. Lambeck (dans "Deductive Systems and Categories", Math. Syst. Th., 2, 1968) et dans notre propre travail de thèse (o.c)

La 'linguisitque mathématique' n'est donc pas réductible à la seule théorie (logico-combinatoire ?) des langages formels. Les exemples que nous avons évoqués auront, nous l'espérons, convaincu le lecteur.
Son domaine est plus vaste mais aussi plus proche des réalités linguistiques sans pour autant sacrifier la rigueur mathématique.

Il existe plusieurs axes où linguistique et mathématiques entretiennent des rapports. Citons en sept :
1) Formalisation non pas du langage et des langues mais d'une théorie du langage et des langues ;
2) Formalisation des procédures d'analyse linguistique de façon à les rendre univoques, transmissibles et répétitives et à les présenter, quand cela est possible, sous forme d'algorithmes ;
3) Construction de systèmes de représentations métalinguistiques (des données linguistiques) et étude des propriétés structurales de ces systèmes ;
4) Mathématisation des concepts linguistiques;
5) Mise au point d'une "écriture des concepts" destinée à noter et et à manipuler les notions et catégories utilisées en linguistique, cette écriture autorisant, dans le meilleur des cas, un calcul formel ;
6) Contrôle de la cohérence du discours métalinguitique ;
7) Validation de la théorie par montages et protocoles expérimentaux.

Puisse ce domaine se développer sous la seule exigence des problèmes scientifiques sans se heurter aux barrières institutionnelles qui parfois restent rigides à l'excès !

REMARQUES DES PARTICIPANTS

Marie-Dominique DELAUNAY

1. C'est une question que je t'adresse en tant que tu tends à une épistémologie de la linguistique. Je connais ta rigueur et ton souci de consistance avec les analyses traditionnelles depuis K. Popper. La formalisation en linguistique n'est toujours que celle d'une théorie, le donné empirique n'existe pas tel quel, le fait linguistique est bien plutôt un construit théorique.

Si la formalisation n'est pas ad hoc, le problème de la mise à l'épreuve théorique se complique encore. Comment le poser? Toute théorie construit nécessairement des observables. La sanction de l'expérience opère un choix parmi les observables: les observés dans l'empirie. Même si ceci était sans problème, comment une théorie formalisée résoudrait-elle la question d'être adéquate sans être ad hoc? La double médiation par rapport au réel ne crée-t-elle pas plus de difficultés qu'elle n'en résoud?

2. Je voudrais aussi revenir sur l'importante question, soulevée par Francis Jacques ((voir plus loin son intervention)), de la référence en linguistique. Je voudrais tenter un moment avec toi de pousser à bout la position linguistique stricte afin de tester si elle est en soi tenable.

Le problème de la référence pour le linguiste n'est pas, je le sais, un problème de rapport entre le langage et le monde; mais à l'intérieur du monde = langage pour le linguiste, du rapport de la théorie linguistique à l'empirisme que sont les énoncés attestés. Le problème de la signification d'un énoncé pour le linguiste ne se joue pas au niveau d'une projection sur une extériorité langagière, mais concerne bien plutôt les notions de grammaticalité, acceptabilité, recevabilité, etc. Et si la signification intéresse le linguiste, ce n'est qu'en tant qu'on peut en retrouver des traces dans la production de l'énoncé.

Maintenant, si tel est bien le cas pour le linguiste, comment ne pas penser que cette recherche de traces -qui va être le travail du linguiste- est guidée par une idée de ce qu'on recherche? Comment ne pas penser -sans se cacher les yeux- que l'analyse linguistique est auto-suffisante et ne dépend pas en grande partie d'une analyse conceptuelle des présuppositions logiques, autant que d'une analyse "pragmatique"?

Comment délier la linguistique de ce qui lui donne sens, sauf à pratiquer l'art pour l'art? Sous prétexte d'établir l'autonomie et la scientificité de cette discipline, faut-il l'isoler des recherches adjacentes? Ce n'est pas non plus parce que le calcul des propositions logiques rend très mal compte du langage naturel qu'il faut a priori écarter tout au-

tre moyen sophistiqué. Pourquoi ne pas chercher plutôt dans la concurrence à comprendre le phénomène du langage?
Exemple. Le théorème que tu énonces sur l'algèbre libre me semble retrouver le sens habituel d'interprétation d'un système formel, où tous les choix d'évaluation sont possibles et indifférenciés.

Les logiciens sont depuis quelque temps sensibles à cette indifférence et tendent à la réduire en majorant les éléments pertinents pour produire parmi les mondes possibles celui qui est réel. Pourquoi ne pas faire profiter la linguistique des progrès logiques et vice-versa?

<u>*Francis JACQUES*</u>

Je viens de comprendre et d'apprécier votre distinction fine entre valeurs référentielles et référents. Je partage les raisons qui vous poussent à introduire en marge du couple sens et référence (de Frege à Church), la notion de valeur référentielle. Il arrive en particulier que le co-énonciateur reconstitue une autre valeur référentielle que celle qu'on peut construire au moyen de l'énoncé de l'énonciateur. Une telle situation est ordinaire dans toute pratique interdiscursive. Simplement j'observe que cette distinction n'est pas sans répondant dans les recherches des logiciens qui adoptent une approche sémantique (Kripke, Kanger, Hintikka). Elle est comme la trace dans votre théorie de ce qui, traitable, est traité à l'aide (notamment) de la notion de monde du possible. Les interlocuteurs, dans un dialogue en quête d'information (cette situation pragmatique est théorique), confrontent leurs états de croyances sur le référent et les mondes possibles épistémiquement enveloppés par ces états (Hintikka). Si cette confrontation aboutit à un consensus, on procède à une co-référenciation par identification d'un individu, d'un événement ou d'un objet "entre les mondes possibles": c'est le référent.

Notez bien que la théorie logique du référentiel élargi aux mondes possibles ne suffit pas à rendre compte du mouvement d'identification du référent. Il faudrait ajouter la logique des questions, certains éléments de la théorie des actes de parole, voire des jeux de stratégies (Lorenzen), en assumant par des modifications leur compatibilité relative. En outre, souvenons-nous que le point de vue du logicien sémanticien ne consiste pas à prendre la langue naturelle pour <u>objet</u> d'étude et à rendre compte des finesses de tous les faits de langue. Sa perspective est conceptuelle et aléthique. Il ne s'agit pas de faire de la langue un objet, mais un médium. Le logicien sémanticien cherche un bon modèle du rapport du langage à la réalité, à élucider les concepts de vérité, de satisfiabilité, de nécessité pour des langues dont la puissance sémantique est inégale. Pour la langue naturelle, il procède à des prélèvements limités. Pour les énoncés en contexte épistémique (je crois que p, je sais que p), il se demande comment ils prennent valeur de vérité, par exemple dans un échange d'information. Son projet peut aller jusque là.

<u>*René THOM*</u>

Peut-on lever l'ambiguïté d'un génétif, comme "Le jugement de Salomon"?

La "translation" de Tesnière peut-elle se transcrire dans l'opération de "greffe" d'un arbre?

A propos des rapports entre mathématique et linguistique, il faudrait citer l'emploi <u>herméneutique</u> des mathématiques qui permet au sujet théorisant de prendre conscience des opérations linguistiques qui se déroulent à l'insu de sa conscience. L'appel à l'expérience permet de "lever la censure" et ainsi de prendre conscience de ces mécanismes que la modélisation géométrico-topologique permet de "distancier" du sujet pensant.

SUR L'ÉPISTÉMOLOGIE ET SES RÉFÉRENTIELS

En particulier, sur les propriétés linguistiques et anthropologiques des champs épistémologiques des sciences

par Christian BERTAUX, Paris

L'objet de cet article, après quelques rappels usuels sur l'épistémologie, est de montrer l'intérêt de la pluralité des différentes approches épistémologiques tout en dégageant une discipline épistémologique formelle, une *épistémographie*, sur laquelle pourrait s'exercer l'analyse linguistique des théories scientifiques. C'est à partir de telles analyses que l'on pourrait mieux dégager les contenus anthropologiques et ethnologiques du projet scientifique.

1. Qu'est-ce que l'épistémologie?

Depuis l'antiquité grecque, l'*épistémè* fait appel à un ordre de vérités supérieur aux vérités simplement humaines d'ordre dialectique . Ainsi la vérité épistémique dépasse les consensus que l'on peut avoir à travers les dialogues. Certains voudraient alors la rattacher à l'ordre des vérités globalement garanties par une transcendance (dieu, logique ou histoire). Pourtant l'*épistémè*, en faisant désormais partie du texte scientifique, médiatise ces questions en s'ajustant à des vérités désormais indépendantes de la subjectivité des individus (et donc absolues par rapport à eux), bien que dépendantes des pratiques scientifiques et des domaines précis où elles se circonscrivent. L'épistémologie tient donc un discours sur le statut de la vérité scientifique, en cherchant à élucider l'avènement des théories scientifiques et leur adéquation au réel.

En France, l'épistémologie fait encore partie de la philosophie. Ainsi des philosophes de carrière viennent méditer (réfléchir, analyser, recomposer, surveiller, pronostiquer, etc.) sur les pratiques scientifiques. Il va sans dire que de plus en plus ces philosophes peuvent être incompétents pour analyser des théories scientifiques *difficiles* dans la mesure où ils essayent d'exprimer, dans le discours des langues naturelles, des pratiques *subversives* par rapport à ce type de discours. Des savants font, alors, pour leur compte, leurs propres épistémologies. On trouve dans tous les laboratoires de recherche, des mathématiciens, des physiciens, des linguistes, etc., qui viennent discuter de leurs pratiques scientifiques à partir quelquefois de philosophies naïves, si ce n'est d'épistémologies naïves, plus ou moins bien illustrées techniquement.

2. De la difficulté d'une épistémologie interdisciplinaire

Pour faire traditionnellement de l'épistémologie, c'est-à-dire l'étude de théories scientifiques, il était conseillé de s'atteler à un domaine précis de recherche: telle personne, par exemple, "Galilée" ou tel secteur, par exemple "la cinématique au XVIIe siècle". Il est effectivement impossible de soutenir une recherche sur tous les domaines; un bon épistémologue des mathématiques ne peut rarement être un bon épistémologue de la biologie, etc. Il y a dans la manière d'aborder l'épistémologie au moins trois *référentiels*: la philosophie, l'histoire et la critique textuelle. Si je mets la critique textuelle en dernier c'est que cette démarche est la plus contemporaine. Elle particularise la recherche en évitant les grandes "vulgates" épistémologiques, les grandes visions philosophiques sur la science.

3. De la critique textuelle

La critique textuelle aborde son objet (qui peut être par exemple, telle théorie, produite par telle personne, à telle époque, dans telle écriture, selon telle aventure intellectuelle, dans tel contexte historique, etc.) comme peut l'aborder tout critique littéraire. C'est l'approche des théories scientifiques à partir de *la matérialité de leurs traces écrites*. L'épistémologue vrai est alors un lecteur de textes scientifiques d'époque. Comme le grand historien -celui qui dans son écriture produit l'histoire- il va fouiller les chroniques pour reconstituer l'ordre langagier -si ce n'est psychologique- d'une invention.

Ici une théorie littéraire comme celle de Roland Barthes est très précieuse. Elle montre qu'un savoir s'énonce dans une *écriture* dont la transparence est toute relative à l'époque. Ainsi la théorie anthropologique de Buffon est inséparable d'une théorie et d'une pratique littéraire. Les systèmes d'écriture scientifiques en rappelant des *"agora"* (des débats scientifiques) et en dévoilant des *traces* (celles du corps sacrifié des savants) permettent de contrôler des mécanismes d'*énonciation* de savoirs qui ont (et qui ont eu) des effets humains et sociaux le plus souvent repris en charge dans la *partie littéraire* des oeuvres scientifiques et remis en chantier dans la partie "scientiste" des oeuvres littéraires (Zola et l'engendrement social, Proust et la générativité du temps, etc.).

4. De l'histoire des sciences

On peut aborder l'épistémologie par l'histoire. De nombreux épistémologues sont de bons historiens des sciences. Ainsi cherche-t-on à situer les découvertes dans une chronologie des *faits* qui vient *doubler* la chronologie "historique" des *noms* qui permettent de nommer et de communiquer les théories. On peut s'attarder -ce qui a un immense intérêt- à de tels décalages, aux découvertes mineures, aux *erreurs* ou aux découvertes synchrones, etc. pour *reconstituer* les mentalités d'une époque. On sait désormais que très souvent des idées fausses permettent des découvertes justes en déclenchant des logiques fructueuses que des "idées trop tôt justes" auraient bloquées.

De plus en plus l'histoire des sciences aborde une sorte d'*ethnologie des mentalités* qui permet de mieux mesurer l'élaboration du sujet des pratiques scientifiques et des présuppositions religieuses (même laïcisées) de ces pratiques. Je serais personnellement intéressé par une sorte de "réethnographie" (une archélogie où l'ancien réévaluerait de l'actuel) du discours scientifique contemporain. Il est assez fabuleux de voir comment, par exemple, Képler faisait ses découvertes; de savoir que Newton consacra plus de temps à la théologie qu'à la mécanique céleste. Il serait important de mesurer l'empreinte de la théologie chrétienne dans les présuppositions (d'unification, d'invariance, etc.) du sujet de la science.

5. Du référentiel "philosophique"

On peut aborder l'épistémologie par l'*analyse interne des théories scientifiques*. Cette démarche faisait initialement partie de la philosophie; il s'agissait de l'analyse interne "réflexive" des systèmes philosophico-scientifiques, mais elle s'est de plus en plus "scientifisée" par le biais de la formalisation ou des desiderata de formalisation telle la recherche de "structures". Entre une analyse philosophique des théories scientifiques et des remarques épistémologiques faites par les savants sur leurs propres recherches, il y a une troisième démarche, celle de la *modélisation* des théories.

L'intérêt de la modélisation serait de pouvoir comparer des théories en travaillant non plus sur des "concepts" mais sur des "systèmes de signes". On pourrait ainsi, sur des critères sûrs, classer et "emboîter" des théories les unes dans les autres selon des hiérachies d'exigences que l'analyse épistémologique des modèles pourrait mieux préciser. Ainsi lorsqu'on passe de Newton à Einstein, il y a une *mutation épistémologique* quant au statut de l'observateur, quant à la relation de l'espace et du temps, mais non quant au *sujet* du travail scientifique encore étroitement connecté à une divinité mathématisant la nature.

6. De l'épistémologie

L'épistémologue à la différence du philosophe s'occupe du *tissu* -du texte et de la syntaxe- *d'une science* qui s'élabore, pour lui, comme une langue artificielle, abstraite bien que matérielle. L'*épistémographie* serait pour moi, la reconstruction de la matérialité d'un texte scientifique que le philosophe -le plus souvent avide de sens- efface et gomme dans son propre discours. Elle passe par la modélisation. Le meilleur exemple, d'une analyse épistémologique basculant -par modélisation- de la philosophie à la science, peut être désignée par la *métamathématique*. Qu'est-ce que la métamathématique au sens de Hilbert? C'est l'analyse mathématique du système des écritures d'une théorie mathématique. Cela implique de formaliser cette théorie, c'est-à-dire de "mathématiser" la langue naîve du mathématicien, pour analyser à la fois les objets mathématiques de sa théorie et l'écriture désormais mathématique de la langue dans laquelle il les exprime. Il faudrait, *mutatis mutandis*, procéder de cette manière en épistémologie: analyser à la fois le produit du savant (tels objets, telles relations, telle théorie) et le langage qui amène ce produit (tels domaines, tels objectifs, tels focus, tels énoncés, telles présuppositions, etc.). Une épistémographie serait une *représentation* spécifiant et hiérarchisant quelques paramètres des systèmes d'écritures qui permettent à un projet scientifique d'advenir en tant que théorie. Il faudrait faire appel à des champs sémantiques et à une topologisation de ces champs pour ne par réduire le formalisme, nécessaire au dévoilement matériel des écritures scientifiques, au formalisme issu de la logique des prédicats.

7. D'une épistémologie linguistique

Lorsque je parle d'"épistémologie linguistique"[1], je présuppose que l'*épistémographie* est pensée; c'est-à-dire

a) qu'on peut découper et emboîter formellement un certain nombre de théories scientifiques selon une hiérarchie de paramètres;
b) qu'on peut exprimer, reconnaître et manifester, le système des écritures d'une classe ou de plusieurs classes de théorisations scientifiques (par exemple, Lévi-Strauss est du type "galiléen", bien que Galilée s'occupe de physique et Lévi-Strauss d'ethnologie);
c) qu'on peut modéliser au moins quelques paramètres de ces systèmes d'écriture dans lesquels s'organisent les théories scientifiques, indépendamment des domaines de recherche initialement mis en jeux;
d) qu'on peut les mettre en interférence avec des objets scientifiques (par exemple, l'épistémologie galiléenne entre en interférence avec les propriétés des langues naturelles, etc.).

C'est ainsi que mon vocabulaire oscille entre les expressions codées suivantes:

. *Epistémologie de niveau d'exigence linguistique:* cela entend toute méthodologie scientifique qui utilise des champs épistémologiques supérieurs aux champs scientifiques contemporains, en contrôlant (ce que ces derniers ne font pas) les *interférences linguistiques* qu'ils produisent sur les descriptions des univers d'objets étudiés -que ceux-ci soient linguistiques, biologiques, physiques, etc. Pour éviter la tautologie implicite, nous dirons qu'un objet a des propriétés du type linguistique, lorsqu'il a des propriétés qui entrent en interférence *au sein des écritures scientifiques* avec les *lieux* d'où s'organisent les observations.

. *Epistémologie linguistique:* ce n'est ni une histoire des théories linguistiques, ni une analyse formelle des théories linguistiques. Ce n'est donc pas une analyse épistémologique *de la linguistique* des langues naturelles, mais une *analyse linguistique des théories scientifiques*. Ainsi l'analyse linguistique, porteuse d'exigences fortes de par les exigences *sémantiques énonciatives* de ses objets, peut arriver à questionner ces "champs épistémologiques" dans lesquels s'organisent et se limitent les théories scientifiques. Il faut pour cela, passer par une représentation de ces champs -mieux par une reconstruction de leurs paramètres c'est-à-dire par une épistémographie- pour accéder aux propriétés linguistiques d'ordre général qu'ils occultent et qu'ils exploitent.

A contrario, lorsqu'on utilise des théories scientifiques qui appartiennent à la catégorie dite "épistémologie de niveau d'exigence non linguistique", on va implicitement utiliser des propriétés qui vont éclipser -annihiler dans la représentation scientifique- les propriétés linguistiques fortes des objets étudiés. C'est ainsi, par exemple, que la *sémantique* est perdue pour une linguistique qui ne contrôle pas les propriétés proprement linguistiques de ses champs épistémologiques. Et avec la sémantique, c'est l'*objet même de l'anthropologie* qui est perdu, dans la mesure où on s'interdit désormais de comprendre les fonctions anthropologiques (de modélisation, de régulation, etc.) que déclenchent les systèmes de signes de telles ou telles ethnies.

8. D'une certaine homonymie entre les objets et les champs d'étude

L'analyse linguistique des champs épistémologiques dans lesquels se viabilisent les pratiques scientifiques est -au sein de cette pratique scientifique que nous avons appelée "épistémographie- un mode d'accès privilégié à des propriétés linguistiques investies dans les métalangages formels ou informels des théories scientifiques. Pourquoi cette homonymie de "linguistique" entre les *objets* visés par les pratiques scientifiques et les *champs* sur lesquels s'organisent ces pratiques au sein des écritures scientifiques? C'est parce que les propriétés de ces épistémographies (ou mieux, de ces objets épistémographiques qu'on pourrait appeler des *épistémogrammes*) interfèrent avec les propriétés des langues dites naturelles. On peut donc les qualifier de *linguistiques*, même lorsque la théorie analysée s'exerce sur un autre domaine de recherche que celui de la linguistique des langues dites naturelles. Les propriétés linguistiques des textes scientifiques peuvent, soit se retrouver dans les langues naturelles, soit nier certaines ou plusieurs des propriétés des langues naturelles. En d'autres termes, s'il y a du linguistique dans le texte épistémographique des théories scientifiques, c'est que ce linguistique -les propriétés linguistiques de ces champs épistémologiques- interfère sur les propriétés des langues naturelles.

9. D'une linguistique à visée générale

Il va sans dire qu'une linguistique ayant quelque peu à coeur son projet scientifique, doit être apte à atteindre avec pertinence la totalité de son univers d'objet, c'est-à-dire un *objet articulé de la phonétique à la sémantique* en passant autant par la syntagmatique et la morphologie que par la syntaxe et les mécanismes d'énonciation. Pour cela, elle ne peut être dupe des propriétés linguistiques réductrices et totalitaires que peuvent déclencher les métalangages de sa procédure scientifique. Il faut qu'à la linguistique à visée restreinte que nous connaissons (une linguistique des langues dites naturelles) s'associe une linguistique à visée générale, capable de contrôler les propriétés linguistiques des *épistémogrammes propres aux théories linguistiques visant les langues naturelles*. Ainsi les propriétés le plus souvent pauvres de ces théories n'annihileront plus, d'une manière incontrôlée, les propriétés riches des objets étudiés. Sans cette stratégie, qu'on pourrait d'ailleurs généraliser, en particulier à l'ethnologie, à la sociologie et à l'anthropologie générale, la *linguistique contemporaine* risque d'être la grande dupe des propriétés linguistiques épistémologiques qu'elle projette sur son univers d'objet: univers désormais fantômatique, réélaboré et séparé de ses propriétés fortes, propriétés qui sont peut-être l'objet désiré des chercheurs et de leurs recherches mais qui sont désormais perdues (inatteignables) pour les descriptions scientifiques.

10. Les limites épistémologiques de l'anthropologie

Parmi les propriétés fortes que l'effacement des propriétés linguistiques des champs épistémologiques tend à faire perdre, ce sont les propriétés énonciatives -syntaxiques et sémantiques- qui contribuent aux mécanismes pluriels d'élaboration de l'être de l'homme. Ainsi l'épistémologie non linguistique du texte scientifique éclipse des propriétés linguistiques fortes à l'intersection de paramètres biologiques et gravitiques. C'est tout un continent des sciences de l'homme qui est alors masqué. Par contre coup, sont aussi masqués certains types de déplacements réalisables au sein de ces sciences "faites par l'homme" qu'on appelle les *sciences exactes*. Anthropologiquement parlant, les méthodologies actuelles occultent, dans des mécanismes de reproduction d'écritures scientifiques qui se voudraient idéales et inénonçables, les mécanismes de *reproduction des modèles* -ethnographiquement spécifiques- *qui fabriquent un sujet de langage* dans le corps d'un jeune mammifère placentaire humain. Il va sans dire que l'escamotage des propriétés linguistiques des champs épistémologiques -en particulier, ceux naïvement pensés au XVIIe siècle sous le terme de "mathésis" - se connecte à un autre escamotage, son dual: celui qui -par delà les luttes historiques et politiques entre la philosophie et la théologie du moyen-âge- organisa dans l'ordre d'un réel qui nous est encore ethnographiquement et anthropologiquement interdit, l'élaboration du *sujet* des sciences de la mathématisation de la nature.

11. De l'incidence avec l'histoire des sciences

On peut imaginer une histoire des sciences de peu de profondeur -d'intérêt minimal- qui ferait le support et le prolongement des autres discours des historiens des sciences. Ainsi, on y saurait que Descartes "inventa" la *géométrie algébrique*, que Leibniz et Newton se disputèrent l'invention du calcul infinitésimal, etc. Sur l'arbre d'une telle chronologie du progrès des connaissances, s'inscrivent les lauréats d'un savoir triomphant. Les noms propres fonctionnent, telle une taxinomie pour la fausse aisance de l'histoire monumentale: monuments aux morts, culte aux grands hommes d'une religion positiviste, tablettes des institutions et des académies; espace d'une réinscription des généalogies, où "C'est écrit" comme le dirait Vigny dans ses *destinées*; histoire que peuvent "utiliser" -surexploiter et démocratiser- les encyclopédies. L'histoire des sciences serait une sorte de "chronosynthèse sans heurts" ou une "chronosyndérèse" qui marcherait du passé vers l'avenir, dans l'homogénéïfication des discours indiciée à l'âge du scripteur, supposée fonctionnelle à l'âge du lecteur...

12. De l'homogénéisation des discours

La première chose qu'un historien des sciences doit faire -comme tout vrai historien- c'est de concasser (faire exploser) l'homogénéisation des discours qui rapportent les événements scientifiques dans ces "chronosynthèses". Il s'attaque donc aux textes et aux documents d'époque, à l'univers des chroniqueurs et aux mécanismes de réécritures. Il s'attelle aux moments initiaux *pluriels* (dyschroniques, anachroniques, non inscrits, hors sens) que l'histoire *fabriquée* va homogénéifier pour le bénéfice de telle ou telle sémantique (à expliciter).

Ce qui pourrait caractériser actuellement la "nouvelle histoire des sciences" -et, dans une certaine mesure, la "nouvelle épistémologie"- ce serait d'avoir cette "suprême habileté" de glisser, dans l'écriture d'un discours homogénéisé, des *traits hétérogènes* -des traits de chroniqueurs- faisant donc problème pour les discours homogènes que les lecteurs des traités antérieurs (lecteurs bien éduqués et donc leurrables) présupposent. Cet esthétisme n'a pourtant pas les mêmes enjeux (le même horizon) que le discours scientifique. Même si ces "effets esthétiques" questionnent le *projet historique* dans la mesure où l'épistémologue comme tout lecteur consomme et consume de l'hétérogénéité. Ce dû du sujet linguistique est un interdit épistémologique...

De par ses relectures et ses réécritures quotidiennes, l'historien des sciences est dans la situation d'un critique littéraire érudit et spécialisé. Comme tous ceux qui opèrent dans la matérialité du texte -dans les arts, dans les techniques, en philosophie, en littérature, dans les sciences- c'est un interprète, un traducteur, un renouveleur du sens. C'est donc un transformateur de la matérialité du textuel, que cette matérialité soit cognitive, mathésique, scripturale, picturale, musicale, technologique, etc. Il est alors important de remarquer que sa tâche -sa fonction- n'est pas encore nommée dans le registre des sciences. C'est qu'elle est impensée en tant que science. Elle se projette par conséquence dans toutes les sciences dans le quiproquo, en particulier, de l'herméneutisme philosophique et religieux.

13. Du vestalisme épistémologique

Supposons un auteur cherchant, dans son côtoiement quotidien avec le texte d'un autre auteur, à se faire "posséder" par lui, jusqu'à en restituer (réinventer, réélaborer) en sa "substantielle moëlle" le ou les sens, selon la logique et les limites des univers d'aliénations qu'ils présupposent. Cet auteur est voué actuellement à une sorte de "vestalisme" brûlant pour l'idéalisme de notre *épistémè*. Il est perdu pour la science.

La profession qu'il exerce, au sein, *mutatis mutandis*, de l'érudition scientifique, littéraire, artistique, philosophique, n'est pas pensable en termes de science. Ainsi, telle une "jointe sens", sa démarche ne se viabilise qu'au lieu productif et producteur de quelques grands professeurs -quelques grands magiciens, grands traducteurs, grands transposeurs. Or, qu'assume-t-elle? Que joue-t-elle dans l'ordre du réel? Une sorte d'ethnologie du terrain dans la matérialité des écritures scientifiques? Une sorte de spéléologie dans les entrailles littérales du passé? Une sorte de réincarnation rituelle du *pneuma* du scripteur dans le *pneuma* du lecteur? Une transformation de l'être? Une métamorphose de l'homme? Bref, une seule et même tâche qui, en s'ajustant à l'idéalisme des mécanismes de reproduction du sujet de la science, est, encore, à un lieu d'occultation maximale, annihilée au sein du texte de notre *épistémè*. Ces actes "hors sciences" éclipsent, dans leurs performances, les "foncteurs abstraits" que leurs pratiques, parfois "géniales", soustendent. Ils sont dans l'axe de l'imaginaire de la *philologie traditionnelle* où les amoureux des textes durent, pour bien reconstituer leurs sens vrais, reconstruire leurs langues. Or, on sait que la reconstruction des langues devint l'objet "second" d'une sorte de "philodélogée", avant de devenir l'objet premier des néo-grammairiens. L'épistémographie pourrait produire un tel *déplacement*. Elle ferait partie, selon nous, d'une *épistémè délogée* apte à élucider quelque chose de la consommation savante -et donc productrice- des textes scientifiques. Elle pourrait aider à mieux mesurer les *choix de structures* qui, dans la réorganisation textuelle des théories scientifiques, président aux découvertes.

L'analyse formelle des champs épistémologiques et l'analyse linguistique des théories scientifiques nous permettent également -et telle sera notre conclusion- d'accéder aux paramètres qui contribuent, d'une manière absolue et actuellement incontrôlée, à l'élaboration d'un certain *type d'êtres de l'homme* induit dans le matériel scientifique. Ce sont ces modélisations très spécifiques d'une manière de facteur -de reproduire ou de ne pas reproduire- *du sujet humain* qui font désormais sociologiquement et ethnologiquement problème. Le fait qu'il y ait d'autres programmations possibles du genre humain -et que celles-ci ne puissent se ramener canoniquement à des lois de la nature perçues dans la transparence d'un sujet de la science connecté à la divinité chrétienne- nécessite de *relativiser la vérité scientifique* par le biais d'une prise en charge des systèmes matériels de signes qui en rendent possible l'avènement. Cette relativisation permettrait- en emprisonnant le registre des descriptions et des explications scientifiques dans l'univers des objets à décrire- de mieux comprendre comment les procédures scientifiques peuvent obliger à taire certaines propriétés des objets ou encore induire d'autres formes d'organisation chez ces mêmes objets.

Au sein des sciences humaines comme des sciences exactes, ce sont les *conséquences morphogénétiques générales* des propriétés linguistiques des écritures scientifiques qui -à l'intersection d'une linguistique et d'une anthropologie encore enfouies dans l'idéalisme du sujet scientifique- bloquent la stratégie de la recherche et les découvertes scientifiques.

N o t e

1) Doctorat de linguistique théorique. E.P.H.E. (6e section), Paris, 1975. Topologie linguistique et épistémologie, Langage et Société, Avril 1977. Topologie linguistique et pensée mathématiques, Ecole Normale Supérieure, 1978.

REMARQUES DES PARTICIPANTS

René THOM

Un exemple de forme est le phonème: la plupart des linguistes reconnaissent au phonème une existence essentiellement psychologique.

La mathésis apparaît en effet comme une herméneutique des phénomènes. Mais là aussi tout effort d'interprétation repose sur une théorie ayant des capacités génératives, et c'est en fonction de ces présupposés théoriques que sera dirigée l'interprétation.

LE DISCOURS MÉTALINGUISTIQUE

par Jean-Blaise GRIZE, Neuchâtel

I n t r o d u c t i o n

Depuis quelques années la linguistique consomme régulièrement du *méta* et cette consommation ne fait apparemment que croître. L'une des tâches du linguiste est de "construire un système de représentations méta-linguistiques qui rende compte de ce système de représentations au second degré qu'est une langue"[1]; le paraphrasage est conçu comme une "*activité méta-linguistique* des sujets"[2]; le plus banal des exercices scolaires du genre "soulignez les verbes à l'imparfait" réclame, dit-on, une position métalinguistique.

On voit bien qu'il y a quelque idée commune à ces usages: dans chaque cas on est en présence d'un discours qui porte sur un autre discours. Ceci est important. Il est clair en effet que si p et q sont des propositions:

(1) "$p \wedge q$" est une proposition de même niveau que p et q.

(2) "$p \wedge q$ implique p" est une proposition d'un niveau immédiatement supérieur.

(3) "L'implication est transitive" est encore d'un niveau au-dessus.

Toutefois lorsque le linguiste parle de métalangue, il vise souvent davantage et c'est à un certain type de rigueur qu'il se propose d'accéder, à celui qui a fait ses preuves en logique.

Ceci me conduit à examiner deux questions.

I. L'exposé rigoureux, ou si l'on préfère scientifique, d'une connaissance repose-t-il sur la présence d'une métalangue ou, tout simplement, sur une organisation particulière des concepts en jeu?

II. La relation que les mathématiques soutiennent avec les systèmes logiques formels est-elle la même que celle que la linguistique soutient avec eux?

I. Métalangue et métamathématique

Il n'est pas sans intérêt de remonter aux sources. On se souvient de la crise qui a ébranlé les mathématiques au tout début de ce siècle par la découverte de ce que l'on a appelé par euphémisme les paradoxes de la théorie des ensembles. Selon leur tempérament les logiciens y ont fait face de diverses façons: Russell par le logicisme, Brouwer par l'intuitionnisme et Hilbert par le formalisme[3)]. Très sommairement l'idée de Hilbert consistait

1) à reconstruire les mathématiques comme un système formel, c'est-à-dire à l'aide des seuls signifiants et

2) à considérer la construction comme un objet, afin d'étudier ses propriétés et à prouver sa consistance[4)].

Une fois interprétées, les mathématiques seraient alors nécessairement non contradictoires.

Peu importe ici que Gödel ait fait voir que, dans toute sa généralité, le projet était utopique. Ce qu'il faut retenir, c'est que la métamathématique n'est rien d'autre que cette sorte de travail et qu'il requiert de se servir d'une langue capable

1) de nommer tous les signes du système,

2) de communiquer avec le lecteur et

3) de raisonner.

Ma question est alors de savoir jusqu'à quel point ce système doit obligatoirement être construit sous la forme d'une langue artificielle.

Supposons, pour prendre un cas simple, que je veuille faire une théorie des propositions (inanalysées). Les propositions sont alors les objets de ma recherche comme les atomes étaient ceux des physiciens du XIXe siècle. Je vais donc étudier les propositions, les déterminer le plus exactement possible et énoncer les lois auxquelles elles sont soumises. Pour cela, j'ai évidemment besoin de disposer d'une langue et rien ne m'empêche de me servir de ma langue d'usage U, à savoir le français[5)]. Seulement, si U est bien propre à communiquer et à raisonner, son histoire laisse voir qu'elle n'a pas été conçue pour traiter spécifiquement de ces objets logiques que sont les propositions. Il faut donc l'élargir -ce qu'elle supporte parfaitement- c'est-à-dire y introduire de nouveaux termes.

Je vais donc introduire dans U:

1. Le nom *propositions*.
2. Le préfixe *non*.
3. L'infixe *alors*.
4. Le verbe *implique*.

Je procéderai ensuite en deux étapes. D'abord, je définirai indirectement mes objets d'étude:

(1) p_1, p_2, ..., p_n... .. sont des propositions

(2) Si P est une proposition, non-P est une proposition

(3) Si P et Q sont des propositions, (P alors Q) est une proposition

(4) Rien n'est une proposition, sinon par (1)-(3)

et j'introduirai des formes d'énoncés: P implique Q. On constate que tout ceci se fait exclusivement dans la langue U enrichie, mais qu'il a fallu, en effet, distinguer deux niveaux: si l'on convient de dire que les p_i sont au niveau 0, alors P et Q sont au niveau 1.

En seconde étape, et toujours dans la langue U élargie, je me donne des énoncés que j'appelle des axiomes ainsi que des règles. Il ne me reste plus qu'à définir inductivement l'ensemble des thèses pour avoir mis en évidence les lois de mes objets-propositions.

Il semble bien que la théorie ainsi construite satisfasse à toutes les exigences de la pensée scientifique. Les quatre concepts introduits (*propositions, non, alors, implique*) sont certes pauvres, mais là n'est pas la question. Ce qui importe est qu'ils soient exactement déterminés et qu'ils constituent ce que J.-C. Gardin appellerait une organisation logico-sémantique (OLS) dure[6]. On pourrait toutefois objecter que dans tout cela le raisonnement, qui se fait dans la langue U, reste "mou" et qu'il n'offre guère de garanties. Voyons donc à introduire une métalangue au sens strict du terme.

Il suffira pour ce faire de remplacer les quatre concepts spécifiques qui ont été introduits dans U par des signes dépourvus de sens et considérés pour eux-mêmes. On se donnera par exemple:

1'. Une suite dénombrable de lettres p_i.

2'. Le *tilde* ∼.

3'. Le fer à cheval ⊃.

4'. La flèche →.

On considère ensuite l'ensemble des chaînes finies que l'on peut écrire avec ces signes en les répétant si l'on veut[7]. On définit alors, par induction un sous-ensemble de chaînes dites expressions bien formées (ebf). On se donne un sous-ensemble d'ebf dites axiomes ainsi que des règles et il ne reste plus qu'à définir inductivement l'ensemble des théorèmes. Il n'est pas nécessaire d'entrer dans plus de détails pour constater que l'on a une correspondance exacte entre les deux façons de procéder. Appeler quelque chose *propositions* ou l'appeler p_i, *non* ou *tilde*, *alors* ou *fer à cheval*, *implique* ou *flèche* peut être psychologiquement très différent, mais en droit cela ne change rien à l'affaire. En particulier, l'obligation de se servir d'une langue d'usage U demeure et les doutes qui peuvent porter sur la qualité des raisonnements qui se font en son sein subsistent. Je pense donc pouvoir conclure que la rigueur de la construction tient bien davantage à la démarche de la pensée qu'à la présence d'une métalangue à proprement parler.

II. Le rôle des mathématiques

L'étude d'un traité de métamathématiques, disons celui de Kleene que j'ai cité plus haut, exige de savoir et de l'anglais et des mathématiques. C'est dire que le langage mathématique est indispensable à l'établissement d'un système formel pour la logique et cela même si l'on s'en tient à la seule syntaxe. La seule différence est qu'il faut "un peu plus" de mathématiques pour traiter de la sémantique[8]. Qu'en est-il alors de la linguistique?

Je considérerai que la linguistique est une science naturelle, c'est-à-dire qu'elle est théorie des faits de langue ou, comme le dit Culioli, "la science qui a pour objet le langage appréhendé à travers la diversité des langues naturelles"[9]. Si l'on peut mettre en doute que *la* linguistique existe déjà en ce sens-là, il est clair que certaines de ses parties peuvent être tenues pour provisoirement acceptables. Le problème se pose donc de les fonder, c'est-à-dire de s'assurer de leur cohérence interne ou de leur intercompatibilité. Cela, je l'appellerai la *métalinguistique*, sur le modèle de métamathématique.

De même qu'il est possible en mécanique d'étudier les mouvements indépendamment des forces qui les produisent, de même il est possible en linguistique d'étudier les énoncés indépendamment des énonciateurs qui les produisent. Ceci toutefois s'est révélé trop pauvre pour être encore satisfaisant, aussi est-ce à la linguistique de l'énonciation que je vais m'attacher. Celle-ci doit donc, par définition, prendre en compte les sujets énonciateurs et la façon dont chacun d'eux organise son temps et son espace d'énonciation. Dans ces conditions, je prétends qu'aucun modèle mathématique, qu'aucun système formel ne peut constituer un substitut entièrement satisfaisant d'un ensemble d'énonciations. D'ailleurs, J.-P. Desclés a justement insisté qu'il ne formalisait pas les langues, mais bien les théories linguistiques. Ce qui est tout autre chose.

Un modèle mathématique, en effet, ne constitue pas par lui-même un discours: c'est un calcul. Or vouloir représenter un discours tenu dans une langue naturelle par un calcul, c'est supposer que les langues naturelles sont pleines de défauts, que leurs énoncés sont maladroitement ambigus, qu'elles peuvent aller jusqu'à la contradiction et que, *par conséquent*, il les faut remplacer par quelque autre langue bien faite. C'est postuler qu'il n'y a de langue que mathématique, comme il n'y aurait de moutarde que de Dijon. Il s'agit-là d'une attitude que le linguiste soucieux, non de juger les langues mais de rendre compte de leur fonctionnement observé, ne saurait adopter sans se contredire. Faut-il en conclure que l'instrument logico-mathématique ne peut le servir? Nullement et je dirai même qu'il est nécessaire. Un exemple simple m'aidera à m'expliquer.

Supposons que l'on cherche à comprendre ce qu'est un verbe. Je vais distinguer trois plans sur chacun desquels il est légitime de se placer.

1. L'observation répétée -et d'ailleurs orientée par un premier cadre théorique- permet de dire, par exemple, que "le verbe exprime une action ou un état en rapport avec l'être ou l'objet qui le conditionne ou qui le subit."[10)] Même si l'on peut estimer que l'on se situe au sein d'une OLS encore "molle", le raisonnement y est tout à fait possible et le travail que les grammairiens ont pu faire sur ce plan reste d'un intérêt, à mes yeux, indéniable.

2. Si l'on s'attache maintenant à cerner cette idée d'"être en rapport avec", on sera conduit à concevoir le verbe comme "un prédicat qui établit une relation entre des termes."[11)] Mais le concept de prédicat a, en logique, un statut bien défini et solide de sorte que l'on utilise en quelque sorte une OLS "dure" pour en fortifier une "molle". Seulement c'est ici que surgit la tentation d'identifier tout simplement le verbe de la langue au prédicat du logicien et de tomber par là dans le piège que je signalais plus haut. Pour y échapper, on passera au troisième plan.

3. Il s'agit d'imaginer une construction spécifique à la langue et néanmoins compatible avec celle rigoureuse de la logique. Ce sera, pour Culioli, le résultat de l'instanciation d'une notion à une place déterminée d'un schéma de lexis. Comme il serait pour le moins dangereux et impertinent de présenter une théorie devant son auteur[12)], je n'en dirai pas davantage. En revanche, je voudrais revenir un instant au deuxième plan qui, sans jeu de mots, est central.

L'activité cognitive consiste en une mise en rapport de deux OLS, c'est-à-dire à rapprocher et à confronter les faisceaux d'aspects de certains objets[13)]. Il s'agit, dans son essence, du mécanisme qui fonde les analogies, par où j'entends, non l'habituel raisonnement par analogie -qui est une sorte de proportion logique- mais l'analogie en tant qu'elle permet de constituer un concept à partir d'une notion[14)]. Ceci me paraît être de nature à expliquer quelques uns des rôles que Desclés attache à l'emploi des mathématiques. Elles permettent

- de "renforcer la conceptualisation"
- de servir d'outil de représentation
- de procéder à des analyses fines
- de postuler des hypothèses pour la suite du travail.

Dès lors, chaque fois qu'un fragment de linguistique est ainsi construit -fut-ce sous la forme volontairement simplifiée de ce que Gentilhomme appelle un microsystème- la question de sa cohérence interne se pose. Or, un tel modèle, quelque soit la façon de le communiquer, n'appartient plus en droit à l'ordre de la langue. Il est, comme chacun des résultats de la science, momentanément universel et donc atemporel. C'est dire qu'il est soumis aux lois et aux exigences de la logique mathématique.

Ainsi se dessine une réponse à ma seconde question. Les mathématiques ne soutiennent pas le même rapport avec les activités linguistiques d'une part et métalinguistiques d'autre part. Dans le premier cas, elles conduisent à déterminer progressivement la rigueur des notions en jeu: elles servent d'instrument heuristique. Dans le second, elles permettent d'assurer la cohérence: elles servent d'instrument de contrôle.

N o t e s

(1) CULIOLI A., Valeurs modales et opérations énonciatives. Le français moderne, 1978, 4, 300.

(2) FUCHS C., Paraphrase et théories du langage. Thèse de doctorat d'Etat. Paris, Université Paris VII, 1980.

(3) Voir, par exemple, KLEENE S.C., Introduction to metamathematics. Amsterdam, North Holland, 1952, Ch. III: A critique of mathematical reasoning.

(4) Un système formel -non interprété- est dit *consistant* s'il contient au moins une expression bien formée qui n'est pas un théorème. Ainsi, pour s'assurer que l'arithmétique est consistante, il suffirait de montrer que 0 = 1, par exemple, n'est pas un théorème.

(5) Le terme de langue d'usage U et son emploi sont empruntés à CURRY H.B., Leçons de logique algébrique. Paris et Louvain, Gauthier-Villars et Nauwelaerts, 1952.

(6) GARDIN J.-C., Une archéologie théorique. Paris, Hachette, 1979.

(7) Si l'on appelle alphabet A, l'ensemble de ces signes, l'ensemble des chaînes ici considéré est le monoïde libre A* construit sur A.

(8) Voir, par exemple, l'excellent ouvrage de Roger Martin qui offre l'avantage de ne pas être un traité technique: MARTIN R., Logique contemporaine et formalisation. Paris, PUF, 1964.

(9) CULIOLI A., Comment tenter de construire un modèle logique adéquat à la description des langues naturelles. Modèles logiques et niveaux d'analyse linguistique. Centre d'Analyse syntaxique de l'Université de Metz, 1976, 35-47.

(10) DAUZAT A., Grammaire raisonnée de la langue française. Lyon, IAC, 1947 (2e éd.), p. 141.

(11) CULIOLI A., article Verbe in Encyclopédie Alpha.

(12) Voir, par exemple: CULIOLI A., A propos d'opérations intervenant dans le traitement formel des langues naturelles. Mathématiques et sciences humaines, 1971, 34, 7-15.

(13) En logique naturelle, nous appelons *faisceau d'un objet* l'ensemble des traits qui lui est associé. Il s'agit certes de certaines propriétés qu'il possède "normalement", de certaines relations qu'il soutient avec d'autres objets, mais tout autant de ce qu'il est possible de faire de l'objet. La notion de faisceau est ainsi proche de ce que Piaget appelle un schème d'assimilation.

(14) Voir BOREL M.-J., Objet, notion, concept et analogie. Discours et analogies. Travaux du Centre de Recherches sémiologiques. Neuchâtel, 1977, no 30, 47-147.

REMARQUES DES PARTICIPANTS

Marie-Dominique DELAUNAY

Votre exposé m'a paru presque toujours suggestif. Je partage votre idée de la surconsommation du préfixe "méta". Sans être sûre de comprendre votre définition stricte de ce "méta".

Si je vous suis bien, vous dites que la métalangue apparaît par une volonté de détacher et d'extirper la partie de la langue naturelle qui est d'usage (cf. Curry) à l'intérieur du discours total tenu par un système formel. Présentée ainsi, la métalangue procède d'une sorte d'autopsie. Comment alors continuer à prétendre que c'est la métalangue qui gouverne la rigueur? Celle-ci, dites-vous, "joue avant" l'analyse en langue-objet/métalangue. D'autant plus qu'alors le spectre de la régression ad infinitum menace.

Ma suggestion: on peut relever des marques précises du fait que le discours comporte des parties hétérogènes :

1. On peut repérer, dans le calcul même, un métalangage implicite qui assure l'identité d'un symbole dans ses différentes occurrences (sans parler du nécessaire recours à la métalangue pour la constitution et la communication d'un système formel).

2. Au niveau de la formulation des axiomes, de la présentation (à moins que la pensée de l'axiome puisse n'être que langagière!) : la rigueur, disiez-vous, (je vais jusqu'à la signification du système) se donne dans une extériorité de langages. Comment formuler le théorème de la déduction, par exemple, sans "méta" quelque part?

3. Même approche chez les linguistes. Z.S. Harris énonce, non pas un principe méthodologique, mais quelque chose comme ce que les philosophes du langage pourraient appeler un des universaux: la métalangue est dans la langue. Pour justifier cette assertion, il trouve des traces explicites de la présence des parties métalinguistiques (de différents niveaux) dans les énoncés d'une langue naturelle donnée.

4. La métalangue est isolable, donc éventuellement isolée de la langue-objet (sinon, comment comprendre que l'énoncé du menteur soit paradoxal?)

Qu'il faille reconstruire la métalangue pour la compréhension, en explicitant les présuppositions d'écriture, semble alors peu douteux. C'est d'ailleurs l'ambition de ceux qui pratiquent l'analyse pragmatique.

En définitive, je me demande s'il ne faudrait pas apporter une clarification. Vous avez parlé de signes mathématiques en tant que signes vides, donc incapables de constituer un langage. N'est-ce pas la preuve, pour les langages formels du moins, que la métalangue est proprement constitutive d'une langue? S'il est vrai qu'un langage est formé de si-

gnes, conglomérats signifiants-signifiés (+référents?), les signes mathématiques peuvent être dits vides. Mais alors, dans cette "image acoustique" pure que serait le signe mathématique (serait-ce encore un signe?), qu'est-ce qui garantit encore sa reconnaissance, qu'est-ce qui permet son utilisation? Le schéma saussurien, même amélioré, s'épuise à expliquer la signification fonctionnelle et opératoire du signe. Et je vois cette impuissance comme liée à une philosophie de la représentation où le langage est représentation d'une pensée. Le sujet me semble déborder le cadre strictement linguistique pour advenir à une philosophie.

Mais cela suffit ici.

Dominique DUBARLE

Je me demande si, outre les niveaux de mathématisation du langage si bien dégagés et mis en lumière par ce que M. Grize vient de dire, il ne faut pas songer à un autre niveau, plus élémentaire et plus primitif, dans lequel il s'agit de discerner le caractère mathématique de certains schèmes de mise en forme de l'expression de la pensée. Ainsi cette mathématisation du discours qui se cherche depuis l'âge grec et se trouve lentement, d'Aristote à G. Boole, avant même qu'il soit question de Frege. Lois élémentaires de la pensée: identité, non contradiction, tiers exclu; carré logique et schémas syllogistiques; analyse "grammaticale" des structures de l'énonciation; catégories et prédicables; etc. Il semble qu'alors la pensée mathématicienne se tourne vers le langage produit de façon spontanée et à l'état brut et cherche à comprendre mathématiquement les tournures du discours dont les schémas sont inscrits comme en filigrane dans l'agencement effectif des paroles. Cet isolement du schématisme, cette restitution abstraite et explicite des "filigranes": se sont-ce pas là des premiers temps de mathématisation -du déchiffrement mathématique du concret- préalables à toute possibilité de mathématisation formelle, que ce soit celle du discours au niveau de la "langue d'usage", que ce soit la "métamathématisation" de la théorie mathématique, se lisant alors au niveau de la réflexion sur l'économie de la théorie déjà mathématisée?

Printed by
CPI books GmbH, Leck

FSC
www.fsc.org
MIX
Papier | Fördert gute Waldnutzung
FSC® C083411

Kolibri 360 GmbH
Ferdinand-Jühlke-Straße 7
99095 Erfurt, Deutschland
produktsicherheit@kolibri360.de